# 协同推进环境高水平保护和经济 高质量发展

王小艳 ◎ 著

吉林出版集团股份有限公司

图书在版编目（CIP）数据

协同推进环境高水平保护和经济高质量发展 / 王小
艳著 . — 长春 : 吉林出版集团股份有限公司，2021.8
（2025.1 重印）

ISBN 978-7-5731-0324-6

Ⅰ. ①协… Ⅱ. ①王… Ⅲ. ①环境保护－关系－中国
经济－经济发展－研究 Ⅳ. ①X-12②F124

中国版本图书馆 CIP 数据核字（2021）第 166694 号

协同推进环境高水平保护和经济高质量发展

| | | |
|---|---|---|
| 著　　者 | 王小艳 | |
| 责任编辑 | 许　康 | |
| 封面设计 | 牧野春晖 | |
| 开　　本 | 710mm×1000mm　1/16 | |
| 字　　数 | 202 千 | |
| 印　　张 | 12.25 | |
| 版　　次 | 2022 年 1 月第 1 版 | |
| 印　　次 | 2025 年 1 月第 2 次印刷 | |

| | |
|---|---|
| 出　　版 | 吉林出版集团股份有限公司 |
| 电　　话 | 010-82176128 |
| 印　　刷 | 三河市悦鑫印务有限公司 |

ISBN 978-7-5731-0324-6　　　　　　　　定价：58.00 元

# 前　言

改革开放以来，以经济建设为中心的总方针在我国经济发展实践中推进了生产力的大幅提高，取得了举世瞩目的经济成就，但在此过程中也逐渐显现出一些问题。其中一个重要问题就是：生态破坏、资源消耗、气候恶化问题导致经济可持续发展遭遇严峻挑战。习近平总书记强调，单纯依靠刺激政策和政府对经济大规模直接干预的增长，只治标、不治本，而建立在大量资源消耗、环境污染基础上的增长则更难以持久。为实现环境保护与经济发展协同并进，促进人与自然和谐共生，我国将绿色发展理念作为经济社会发展领域的一个基本理念。习近平总书记关于绿色发展理念的系列阐述，升华了我国生态环境保护的"思想观"和"实践观"。"良好生态环境是最公平的公共产品，是最普惠的民生福祉""既要绿水青山，也要金山银山。宁要绿水青山，不要金山银山，而且绿水青山就是金山银山""要正确处理好经济发展同生态环境保护的关系，牢固树立保护生态环境就是保护生产力、改善生态环境就是发展生产力的理念"，这些理念为中国环境高水平保护和经济高质量发展"思想观"注入了新的活力。在实现经济高质量发展的新时代，环境高水平保护仍是需要跨越的一道重要关口。探索协同推进环境高水平保护与经济高质量发展的有效路径，促进经济社会发展全面绿色转型，建设人与自然和谐共生的现代化，是不可逆转的时代潮流。

党的十八大以来，以习近平同志为核心的党中央在绿色发展道路上进行了更加深入的研究和探索，提出了一些新理论，并着手推动了一些新实践。党的十八大明确"五位一体"的总体布局，提出"要把生态文明建设放在突出地位，融入经济建设、政治建设、文化建设、社会建设各方面和全过程。"党的十八届三中全会通过《中共中央关于全面深化改革若干重大问题的决定》，提出以深化生态文明体制改革为中心，加快生态文明制度建设的进程，加快建设现代化人与自然和谐发展的新格局。党的十八届四中全会通过《中共中央关于全面推进依法治国若干重大问题的决定》，提出要加强生态文明建设领域的重点立法，坚持用严格的法律制度保护生态环境。党的十八届五中全会正式将"绿色发展理念"确定为我国未来发展必须遵循的五大发展理念之一，为环境治理的进一步深入践行提供了坚实支撑，我国绿色发展进入快速推进期。

党的十九大以来，我们进一步建立健全了绿色发展相关政策，生态环境法律体系更加健全，"依法治污"的法治保障更加有力，依法行政的制度约束更加严格。生态环境立法取得重大进展，在2021年1月1日起施行的《中华人民共和国民法典》的各个分编中，多个条款规定了生态环境保护的内容，其中，物权编中规定，不动产权利人不得违反国家规定弃置固体废物，不得排放大气污染物、水污染物、土壤污染物、噪声、光辐射、电磁辐射等有害物质。建造建筑物，不得违反国家有关工程建设标准，不得妨碍相邻建筑物的通风、采光和日照。设立建设用地使用权，应当符合节约资源、保护生态环境的要求。合同编规定，当事人在履行合同过程中，应当避免浪费资源、污染环境和破坏生态，制度的完善大大促进了环境高水平保护和经济高质量发展的行动自觉。

在习近平总书记生态文明建设一系列新理念新思想新战略的指引下，我国坚持以改善生态环境质量为核心，不断完善生态文明制度体系，加快推进生态环境领域治理体系和治理能力现代化，坚决打赢蓝天保卫战、持续打好碧水保卫战、扎实推进净土保卫战，协同推进经济高质量发展和生态环境高水平保护，生态文明建设和生态环境保护取得历史性进展。但同时，我们也要清醒看到，我国生态环保形势依然严峻，特别是传统粗放式发展累积的历史遗留问题还较多，人民日益增长的优美生态环境需要与更多优质生态产品供给不足之间的矛盾依然突出，污染治理和生态修复任务依然繁重，协同推进环境高水平保护与经济高质量发展任重道远。《中华人民共和国国民经济和社会发展第十四个五年规划和二〇三五年远景目标纲要》明确要求"坚持绿水青山就是金山银山理念""深入实施可持续发展战略，完善生态文明领域统筹协调机制，构建生态文明体系，促进经济社会发展全面绿色转型，建设人与自然和谐共生的现代化。"将绿色发展作为"十四五"乃至更长时期我国经济社会发展的一个重要理念，充分体现了我们党和全体人民对经济社会发展规律的认识在实践中不断升华，对经济增长与生态环境保护关系的认识不断深化，必将指引我们更好实现人民富裕、国家富强、中国美丽、人与自然和谐，实现中华民族永续发展。

本书从宏观、微观和具体操作层面来研究如何协同推进环境高水平保护和经济高质量发展，首先是从宏观层面，以绿色发展理论与协同理论为主要理论依据，对环境高水平保护与经济高质量发展之间的关系进行阐释，并对协同推进环境高水平保护和经济高质量发展的政策演进进行梳理；随后从微观层面，对协同推进环境高水平保护和经济高质量发展的绩效评价方法和评价指标体系构建进行研究；最后，从具体操作层面构建协同推进环境高水平保护和经济高质量发展不同主体之间的协同模型，并提出具体的对策建议。

　　本研究将拓展环境治理理论和经济高质量发展理论的研究新视域，丰富协同推进环境高水平保护与经济高质量发展的理论体系，具有一定的理论和现实意义。其中，研究协同推进高水平保护与高质量发展效率评价及影响因素问题，有助于推进各级地方协同模式的不断创新，通过效率评价可以诊断协同推进高水平保护与高质量发展中存在的问题，通过对同一时间不同地方或者不同时间同一地方协同推进高水平保护与高质量发展效率表现进行比较，可以发现有效的可供借鉴的措施。同时，综合考虑影响协同推进高水平保护与高质量发展的因素，修正绩效计划，通过协同模式的调整和政策的创新来落实新的绩效计划，可以探索更加有效的协同模式，有助于各级地方政府以及相关职能部门更加有效的协同推进高水平保护与高质量发展，促进各地树立和落实绿色发展理念，促进经济社会发展全面绿色转型，真正实现在高质量发展中实现高水平保护、在高水平保护中促进高质量发展。

　　在本书写作过程中，查阅了大量的文献资料，从中获得了良多启示，但由于个人水平有限，仍有诸多需要不断完善的地方，期望能获得读者的批评指正。

# 目　　录

# 第 1 章 绪 论

党的十八以来，为应对资源环境承载力逼近极限、传统发展方式不可持续的问题，我国将绿色发展理念作为关系我国发展全局的一个重要理念。实行了一系列促进人与自然和谐共生、经济发展与生态环境保护共赢的绿色发展措施，在一定程度上缓解了我国城镇化、工业化进程中的资源环境压力，并促进了我国经济发展方式的转变，推进了经济高质量发展，绿色发展步伐不断加快。在实现经济高质量发展的新时代，环境高水平保护仍是需要跨越的一道重要关口。探索生态环境高水平保护与经济高质量发展协同推进的有效路径，促进经济社会发展全面绿色转型，建设人与自然和谐共生的现代化，是不可逆转的时代潮流。

本章共分为 4 节，第 1 节明确选题背景和意义；第 2 节对协同推进生态环境保护与高质量发展的国内外研究文献进行梳理、归纳和分析，并提出本书的研究命题；第 3 节对本书的研究内容和主要研究方法进行阐释；第 4 节是本章小结。

## 1.1 选题背景和意义

### 1.1.1 选题背景

改革开放以来，以经济建设为中心的总方针在我国经济发展实践中推进了生产力的大幅提高，取得了举世瞩目的经济成就，但在此过程中也逐渐显现出一些问题。其中一个重要问题就是：生态破坏、资源消耗、气候恶化问题导致经济可持续发展遭遇严峻挑战。习近平总书记强调，单纯依靠刺激政策和政府对经济大规模直接干预的增长，只治标、不治本，而建立在大量资源消耗、环境污染基础上的增长则更难以持久。为实现生态环境保护与经济发展协同并进，促进人与自然和谐共生，我国绿色发展理念作为经济社会发展领域的一个基本理念。习近平总书记关于绿色发展理念的系列阐述，升华了我国生态环境保护的"思想观"和"实践观"。"良好生态环境是最公平的公共产品，是最普惠的民生福祉""要正确处理好经济发展同生态环境保护的关系，牢固树立保护生态环境就是保护生产力、改善生态环境就是发展生产力的理念"，这些理念为中国环境保护和高质量发展"思想观"注入了新的活力。

同时，我国也实行了一系列促进人与自然和谐共生、经济发展与生态环境保护共赢的绿色发展政策，在《国民经济和社会发展第十一个五年规划纲要》中就明确提出我国必须在"十一五"期间建设低投入、高产出，低消耗、少排放，能循环、可持续的国民经济体系和资源节约型、环境友好型社会。"十一五"规划提出的"资源节约型、环境友好型社会"其实是低碳经济作用于社会运行的合意结果。在《国民经济和社会发展第十二个五年规划纲要》中明确，我国在今后的五年里将继续坚持"资源节约型、环境友好型社会"战略计划，大力"树立绿色、低碳发展理念"。并规定了一系列的资源节约和环境保护约束性指标：单位国内生产总值能源消耗降低16%，单位国内生产总值$CO_2$排放量降低17%，此外，还对主要污染物的排放做出了规定，要求化学需氧量、二氧化硫排放量分别减少 8%，氨氮、氮氧化物排放分别减少10%，森林覆盖率提高到21.66%。2012 年 11 月，党的十八大提出将生态文明建设纳入社会主义现代化建设事业"五位一体"总体布局，十八大报告中明确提出"要大力推进生态文明建设"，"着力推进绿色发展、循环发展、低碳发展"。十八届三中全会再次强调"要把保护和改善生态环境放在治国理政的优先地位"，"建立有利于生态文明建设的考评机制"。在 2015 年 3月 24 日的中央政治局会议上，将"绿色化"定性为"政治任务"。不仅要在经济社会发展中实现发展方式的"绿色化"，而且要使之成为高级别价值取向。并指出"绿色化"的阶段性目标，就是"推动国土空间开发格局优化、加快技术创新和结构调整、促进资源节约循环高效利用、加大自然生态系统和环境保护力度"。党的十八届五中全会明确提出破解发展难题"必须牢固树立并切实贯彻创新、协调、绿色、开放、共享的发展理念"。"十三五"规划是党的十八大把生态文明纳入"五位一体"总布局后的首个五年规划，公报将"生态环境质量总体改善"列入全面建成小康社会的新目标，并用大量的篇幅强调坚持绿色发展，表明了党中央努力建设美丽中国的决心和信心。党的十九届五中全会再次强调"推动绿色发展，促进人与自然和谐共生。"

从制度建设来看，自 20 世纪 90 年代以来，我国出台了一系列的法律法规，通过了《环境保护法》《清洁生产促进法》《环境影响评价法》《中华人民共和国可再生能源法》《中华人民共和国节约能源法》《循环经济促进法》等法律法规。出台了一系列环境保护的政策，包括《气候变化国家评估报告》

《能源发展"十一五"规划》《可再生能源发展"十一五"规划》《规划环境影响评价条例》《企业节能规划审核指南》《中国应对气候变化的政策与行动》等规范性文件。还出台了一系列促进环境保护的具体方案，比如《中国应对气候变化国家方案》《节能减排综合性工作方案》《单位 GDP 能耗统计指标体系实施方案》《单位 GDP 能耗监测体系实施方案》《单位 GDP 能耗考核体系实施方案》《关于落实环保政策法规防范信贷风险的意见》《节能减排授信工作指导意见》等。2014 年，面对雾霾围城，中国制定了《大气污染防治行动计划》（"国十条"）；2015 年，应对水危机，中国出台了《水污染防治行动计划》（"水十条"）；就在上个月，为推动土地修复，中国颁布了《土壤污染防治行动计划》（"土十条"）。同样在 2015 年，被称为"史上最严环保法"的新《环境保护法》实施，而为中国生态文明体制改革做出顶层设计的《生态文明体制改革总体方案》也获得中央政治局审议通过，2016 年印发的《"互联网+"绿色生态三年行动实施方案》，要求形成覆盖主要生态要素的资源环境承载能力动态监测网络，2015 年修订、2016 年生效的《大气污染防治法》等都体现了党的十八大以来中央对推进绿色发展、加强环境污染防治、改善环境民生的重视。与此相适应的是，执法督政机制不断突破。环境评价机制逐步理顺，垂直管理改革稳步推进，环保部、中编办筹划的"三步走"路线图出台，省级以下环保机构监测、监察、执法垂直管理也已经开展试点；执法机制得到创新，环境监察机构法律地位逐步加强，环、公、检、法联合机制不断完善，生态文明绩效评价考核和责任追究制也被提上日程。环境治理体系也不断规范，京津冀、长三角、珠三角等重点区域大气污染防治联防联控地方版防治方案陆续出台，农村环境治理投入加大，美丽乡村建设模式不断拓展，生态环境违法成本不断提高。特别是党的十九大以来，我国生态环境法律体系更加健全，"依法治污"的法治保障更加有力，依法行政的制度约束更加严格。2021 年 1 月 1 日起施行的《中华人民共和国民法典》充分体现"绿色"，堪称一部"绿色"民法典，在各个分编中，多个条款规定了生态环境保护的内容。生态环境领域高质量立法取得了突出成效，已成为中国特色社会主义法律体系非常重要的组成部分。

　　理念的深入、政策的实施以及法治的完善，在一定程度上缓解了我国城镇化、工业化进程中的资源环境压力，并促进了我国经济发展方式的转变，推进了经济高质量发展，绿色发展步伐不断加快。尤其是近年来，在习近平总书记生态文明建设一系列新理念新思想新战略的指引下，我国坚持以改善生态环境质量为核心，不断完善生态文明制度体系，加快推进生态环境领域治理体系和治理能力现代化，坚决打赢蓝天保卫战、持续打好碧水保卫战、扎实推进净土保卫战，协同推进经济高质量发展和生态环境高水平保护，生态文明建设和生态环境保护取得历史性进展。生态环境部发布的 2020 年全国生态环境质量数据显示，2020 年，我国主要污染物排放总量和单位国内生产总值二氧化碳排放进一步下降，"十三五"规划确定的生态环境 9 项约束性指标圆满超额完成。全国 337 个地级及以上城市平均优良天数比例为 87.0%，同比上升 5.0 个百分点。202 个城市环境空气质量达标，占全部地级及以上城市数的 59.9%，同比增加 45 个。PM2.5 年均浓度同比下降 8.3%。1940 个国家地表水考核断面中，水质优良断面比例为 83.4%，同比上升 8.5 个百分点；劣Ⅴ类为 0.6%，同比下降 2.8 个百分点。经初步核算，2020 年单位国内生产总值二氧化碳排放同比下降 1.0%，比 2015 年下降 18.8%，完成"十三五"单位国内生产总值二氧化碳排放下降 18% 的目标。

虽然，我们生态环境保护取得了显著成效，但同时，我们也要清醒地看到，我国生态环保形势依然严峻，特别是传统粗放式发展累积的历史遗留问题还较多，人民日益增长的优美生态环境需要与更多优质生态产品供给不足之间的矛盾依然突出，污染治理和生态修复任务依然繁重。生态环境部发布的数据显示，从空气质量来看，2019 年，全国 337 个地级及以上城市中，依然有 180 个城市环境空气质量超标，占 53.4% 的比重，有 16 个城市优良天数比例低于 50%；337 个城市累计发生严重污染 452 天、重度污染 1666 天，比 2018 年增加 88 天，以 PM2.5、PM10 和 O3 为首要污染物的天数分别占重度及以上污染天数的 78.8%、19.8% 和 2.0%。从水资源污染情况来看，2019 年，全国地表水监测的 1931 个水质断面中，仍然存在劣Ⅴ类，占 3.4%，主要污染指标为化学需氧量、总磷和高锰酸盐指数；开展水质监测的 110 个重要湖泊（水库）中，劣Ⅴ类占 7.3%，比 2018 年下降 0.8 个百分点，主要污染指标为总磷、化学需氧量和高锰酸盐指数；监测的 336 个地级及以上城市的 902 个在用集中式生活饮用水水源断面（点位）中，依然有 72 个未实现全年达标，占 8.0%；全国 10168 个国家级地下水水质监测点中Ⅳ类占 66.9%，Ⅴ类占 18.8%；全国 2830 处浅层地下水水质监测井中，Ⅳ类占 30.0%，Ⅴ类占 46.2%，超标指标为锰、总硬度、碘化物、溶解性总固体、铁、氟化物、氨氮、钠、硫酸盐和氯化物。从农业面源来看，水稻、玉米、小麦三大粮食作物化肥利用率为 39.2%，比 2017 年上升 1.4 个百分点；农药利用率为 39.8%，比 2017 年上升 1.0 个百分点；影响农用地土壤环境质量的主要污染物是重金属，其中镉为首要污染物。从水土流失来看，根据 2018 年水土流失动态监测成果,全国水土流失面积 273.69 万平方千米。其中,水力侵蚀面积 115.09 万平方千米,风力侵蚀面积 158.60 万平方千米。从荒漠化和沙化来看,根据第五次全国荒漠化和沙化监测结果,全国荒漠化土地面积为 261.16 万平方千米,沙化土地面积为 172.12 万平方千米。从生态质量来看:2019 年,全国生态环境状况指数(EI)值为 51.3,生态质量一般。其中生态质量优和良的县域面积占国土面积的 44.7%,一般的县域面积占 22.7%,较差和差的县域面积占 32.6%,主要分布在内蒙古西部、甘肃中西部、西藏西部和新疆大部。817 个开展生态环境动态变化评价的国家重点生态功能区县域中,与 2017 年相比,2019 年生态环境变差的占 9.5%。从受威胁物种来看,全国 34450 种已知高等植物的评估结果显示,需要重点关注和保护的高等植物 10102 种,占评估物种总数的 29.3%,其中受威胁的 3767 种、近危等级(NT)的 2723 种。4357 种已知脊椎动物(除海洋鱼类)的评估结果显示,需要重点关注和保护的脊椎动物 2471 种,占评估物种总数的 56.7%,其中受威胁的 932 种、近危等级的 598 种。9302 种已知大型真菌的评估结果显示,需要重点关注和保护的大型真菌 6538 种,占评估物种总数的 70.3%,其中受威胁的 97 种、近危等级的 101 种。从能源消耗来看,经初步核算,2019 年能源消费总量 48.6 亿吨标准煤,比 2018 年增长 3.3%,煤炭消费量增长 1.0%,原油消费量增长 6.8%,天然气消费量增长 8.6%,电力消费量增长 4.5%。可见,我国生态环境保护任重道远。

《中华人民共和国国民经济和社会发展第十四个五年规划和二〇三五年远景目标纲要》明确要求“坚持绿水青山就是金山银山理念”“深入实施可持续发展战略,完善生态文明领域统筹协调机制,构建生态文明体系,促进经济社会发展全面绿色转型,建设人与自然和谐共生的现代化。”将绿色发展作为“十四五”乃至更长时期我国经济社会发展的一个重要理念,充分体现了我们党和全体人民对经济社会发展规律的认识在实践中不断升华,对经济增长与生态环境保护关系的认识不断深化,对中国特色社会主义建设事业的目标、任务和发展规律的认识日益深刻,必将指引我们更好实现人民富裕、国家富强、中国美丽、人与自然和谐,实现中华民族永续发展。

## 1.1.2　研究意义

本研究从协同推进高水平保护与高质量发展的角度出发,以绿色发展理论与协同理论为主要理论依据,对高水平保护与高质量发展之间的逻辑关系进行了阐释,并在此基础上对协同推进高水平保护与高质量发展的效率评价方法和评价指标体系的构建进行了研究，对协同推进高水平保护与高质量发展的影响因素进行分析的基础上提出如何协同推进的对策路径，并从微观层面构建高水平保护与高质量发展的协同推进模式。其研究意义主要有以下几个方面：

（1）本研究将在环境治理理论和经济高质量发展理论架构内，对高水平保护与高质量发展之间的逻辑关系进行阐释，系统分析协调推动经济高质量发展和环境高水平保护的机制，认为高水平保护是高质量发展的应有之义，高水平保护是高质量发展的重要推力，高质量发展是高水平保护的加速器，并以此为基础构建协同推进高水平保护与高质量发展的效率评价体系，构建协同推进模型，将开拓协同推进经济高质量发展和环境高水平保护的新视域，充实生态文明建设和高质量发展的理论体系，具有一定的理论意义。

（2）研究协同推进高水平保护与高质量发展效率评价及影响因素问题，有助于推进各级地方协同模式的不断创新。通过效率评价可以诊断协同推进高水平保护与高质量发展中存在的问题，通过对同一时间不同地方或者不同时间同一地方协同推进高水平保护与高质量发展效率表现进行比较，可以发现有效的可供借鉴的措施。同时，综合考虑影响协同推进高水平保护与高质量发展的因素，修正绩效计划，通过协同模式的调整和政策的创新来落实新的绩效计划，可以探索更加有效的协同模式。

（3）协同推进高水平保护与高质量发展问题的实质是在促进经济高效发展的同时对优质生态产品的有效供给。研究协同推进高水平保护与高质量发展的模式，探索协同推进高水平保护与高质量发展的有效路径，有助于各级地方政府以及相关职能部门更加有效的协同推进高水平保护与高质量发展，促进各地树立和落实绿色发展理念，促进经济社会发展全面绿色转型，真正实现在高质量发展中实现高水平保护、在高水平保护中促进高质量发展。

## 1.2　国内外研究动态

### 1.2.1　关于环境保护与经济发展关系的研究

西方对环境保护与经济发展关系的研究起步相对较早，1962 年蕾切尔·卡逊出版的《寂静的春天》带来了西方对环境保护与经济发展关系的重新思考，该书就环境污染对生态系统和人类社会产生的严重损害向全世界发出了警示，也推动了世界各国对环境治理的研究。1972 年，罗马俱乐部发表的《增长的极限：罗马俱乐部关于人类困境的报告》中提出了著名的"增长极限论"，认为增长是有极限的，要解决全球资源环境问题，必须保持社会和自然的协调关系。20 世纪 90 年代，美国经济学家迈克尔·波特就环境规制与经济发展之间的内在联系提出"波特假说"，即"环境规制不仅不会妨碍经济发展，甚至在一定程度上会促进技术革新"，这一假说从真正意义上打破了之前大众对于环境规制会对经济发展带来负面影响的传统认知。Opsschoor（1994，1995）也认为经济的刺激必须在环境的允许范围内，否则环境将不堪重负从而将限制人类的经济增长。Hart（1995）将自然环境要素引入该理论，进一步拓展了传统的资源基础观，强调实施环境污染防治、环境产品综合管理等环节实际上是建立可持续竞争优势的过程。Hart 同时认为，污染防治的战略目标是通过全面的产品管理，最大限度地降低资源的非必要使用，从而降低产品在整个生命周期中的总成本，而这与可持续发展的战略目标中减轻环境问题对企业发展负担的观点是接近的。自然资源的基本观点已经开始关注自然资源的合理配置和利用，这为解释"环境治理特别强调生态环境承载力"提供了支撑。此后，大量的学者用实证研究证明了同样的观点。2003 年，英国首相布莱尔发表的《我们未来的能源——创建低碳经济》白皮书中首次提出"低碳经济"一词，表述了英国在温室气体减排方面的定量目标。通过英国及一些国际组织在促进低碳经济转型方面的努力来呼吁各国迅速采取切实可行的行动，尽早进入低碳经济的发展模式。N.Stern（2006）通过对气候变化对经济发展带来的效应进行了分析，评估了在气候变化的背景下向低碳经济转变以及采取不同措施的可行性及影响，并分析了气候变化给发达国家经济带来的影响。提出全球各国都应该向低碳经济转型。Johnton（2005）基于对英国大量减少住房二氧化碳排放的技术可行性的研究，认为利用现有低碳技术到 21 世纪中叶实现在 1990 年基础上减少温室气体排放 80% 是可能的。Tapio（2005）探讨了碳排放的脱钩现象，并基于驱动力、影响、压力、反应、状态等框架设计了脱钩指标体系，用于反应温室气体减排和经济增长之间的关系。他指出当 GDP 增长率与二氧化碳排放增长率表现出不平行时则认为经济体系发生了脱钩现象。如果经济驱动力呈现稳定增长，而二氧化碳排放量反而减少，称为"绝对脱钩"；如果 GDP 增长率高于二氧化碳排放增长率，称为"相对脱钩"。

国内学者也对环境保护与经济发展关系进行了大量研究，曾嵘，魏一鸣（2000）在研究中指出 EKC 理论总结了发达国家和新兴工业化国家经济发展与环境的关系，认为改变 EKC 的发展趋势，减少经济发展过程中的环境损失，以实现环境与经济协调发展。李善同和刘勇（2002）从资源配置的合理性、经济外部均衡性、环境控制的投入产出效益等方面对经济与环境的协调发展作了分析，指出环境虽为经济发展的条件，也是经济发展的结果，环境问题是经济活动发展到一定阶段的必然产物。左文鼎（2014），唐李伟（2015）认为在总量排放上，碳排放与经济增长之间存在倒 U 型曲线关系，并且这种关系仅在拐点左侧，两者之间可能保持或长期保持近似的线性正相关关系。李茜（2016）研究了经济发展与生态环境之间内在逻辑，发现污染治理技术、空间区位要素、产业结构等要素是约束经济增长的环境因子。潘建成（2017）认为推动高质量发展，必须树立正确的政绩观，扭转过去唯 GDP 论的衡量标准，可以着重从四个维度来评判经济发展的质量，其中一个重要标准是高质量发展应建立在人与自然和谐发展的基础上，也就是追求更好的生态。张军扩（2018）认为好的生态环境和人居环境，不仅是美好生活的基本要求，也是现代化的重要内容。经过多年来的努力，我国在这方面已经取得了一些进展，但生态环境、人居环境的短板依然突出，处理好经济社会发展与环境质量提升的关系仍然是今后需要努力的领域。王鲍顺（2019）指出生态环境保护是经济发展的基础。生态环境是人类赖以生存的前提，自然环境中包含的资源是社会生产发展的基础。经济发展是生态环境保护的保障。田文富指出环境保护不但是经济高质量发展的主要动力，而且已经成为经济高质量发展的重要内容和关键指标。综合来看，学术界普遍认为生态环境和经济发展要协调，加强对环境问题的重视、提高公民环境意识，能够实现生态环境保护与经济增长的可持续性发展。李新等（2020）认为高质量发展就是从单纯追求总量规模扩展的数量型增长，转变为满足更高标准、更加多样化需求的质量型发展，是经济成功转型的必然路径。优美的生态环境既是高质量发展的应有之义，也是实现高质量发展的重要支撑与推动力。高质量发展路径选择及加快推进实施过程将有利于绿色生产方式和生活方式加速形成，对生态环境保护地位提升、环境治理进程加速、环境管理的质量与效率提升带来积极影响。

此外，国内对环境保护和经济发展关系的研究还体现在对绿色发展的认识方面，程会强（2020）指出经济高质量发展与生态环境高水平保护可以实现协同发展，其本质是实现绿色发展。郭秀清（2021）提出绿色发展是高质量发展的重要维度，也是解决生态环境问题的根本之策。我们必须以绿色发展理念为引导，实现经济社会绿色转型，协同推进经济高质量发展和生态环境高水平保护，开启美丽中国建设新征程。学术界对于绿色发展的认识主要分为三类：一是强调生态环境。周惠军（2011）认为绿色发展是针对环境问题提出的规划，这里所强调的绿色发展更加注重生态承载力以及生态安全。二是强调经济发展与生态环境保护相互协调。郇庆治（2012）从国际比较的角度，认为绿色发展是经济社会发展与环境保护并重、互利共赢的环境友好型发展。与西方发达经济体的发展模式相比，中国需要采取更加积极的战略，推动绿色发展模式的转型升级。刘思华（2001）将绿色发展的本质定义为以生态经济协调发展为核心的可持续发展经济，王金南（2009）则认为绿色发展是协调环境与发展问题的重要经济形式。李晓西（2012）强调环境保护和以人为本，体现了生态与经济的协调发展。向书坚（2013）认为，绿色发展是一种能够获得生态经济效益的新经济形式。王玲玲（2014）指出，绿色发展是实现环境与经济高效健康发展的经济结构和经济模式。三是强调经济系统、社会系统和生态环境系统相互关系。王玲玲（2012）和蒋南平（2013）发现，在将绿色发展理解为经济发展和生态保护方面还存在一些误区，有必要从资源能源、经济社会、人与自然等方面重新认识绿色发展。诸大建（2012）认为，绿色发展包括环境效益、经济效益和社会效益。李正图（2013）认为，绿色发展应保持自然、生物圈、经济和社会各界之间的平衡和循环。佟贺丰（2015）认为，绿色发展包括经济效率、生态规模和社会公平的内涵。总体而言，我们对绿色发展的认识经历了从以环境保护为导向的经济模式向经济与环境协调发展的经济模式的转变，最终上升到经济与社会环境协调发展、协同促进的模式。

## 1.2.2 关于环境协同治理模式的研究

有关高水平保护与高质量发展协同推进模式的相关文献主要集中于从微观层面，对环境治理各主体间协同问题的研究。协同治理由两大重要理论构成，分别是作为自然科学的协同学和社会科学的治理理论，属于跨界交叉学科理论。1971 年，HakenH 将协同描述为整体环境中各子系统在普遍规律的支配之下形成有序的、自组织的宏观和微观集体，从而达到辩证统一的整体性平衡效应的行为。而在社会科学领域则将治理和统治区分，James.N.Rosenau（2001）认为治理不仅仅包含政府，也包括非正式、非政府的机构，各色人种和各类组织将在治理范围扩大之后从中满足各自的需要。协同与治理理论有机结合在一起就形成了如今的协同治理理论，并在近年成为热门理论之一，RicardoS.MorseandJohnB.Stephensrenwei（2012）指出协同治理是一个总括性的概念，特别是在相互交叉的公共行政领域，比如，府际协同、区域主义、跨部门伙伴主义等。Putnam（1993）认为协同生产的成功经验将鼓励政府和公民去寻找其他阶层关系的协同和社会资本。没有政府提供大量的公共产品，市场将不可能生存，没有公民提供大量的投入政府将无法实现效率和公平。当对环境资源的消耗达到相当多的数量时，必须靠绿色发展办法为资源紧缺寻找出路，依据公共经济学的观点，这时环境治理边际成本会开始上升，并随着资源环境消耗规模的继续扩大，其治理的边际成本迅速上升。Klibanoff（1995）指出，由于治理成本的巨大，使得任何单一的地方政府、企业或个人都无法承担如此大的投入，因此，需要它们的共同协作。Skelcher（2005）分析了英国一些将政策、合作与金融等问题视作障碍因素的地区在跨管辖权协作进化方面的问题，也提出合同、伙伴关系与网络协同将更好的解决区域公共问题。Ananth（2007）的研究表明非正式的地方治理机构从很多方面影响着地方民主，这将促进正式的地方治理机构更好的问责和更加有效的运作。Dorris（2008）认为在政府服务转型期，需要更好的政府间合作来满足未来的公民需求。McGuire 和 Silvia（2010）；Leydesdorff（2014）也有同样的观点：由于公共问题的严重性和复杂性以及个人和组织能量的有限性，没有一个组织或地方政府能很好地解决所有事件或紧急情况，这使得政府的协同治理至关重要。

关于协同治理的具体模式，学者们的研究主要有两个方面。第一，是府际协同治理模式。20世纪60年代，随着政府管理实践的发展，西方学者逐渐意识到政府间协作解决公共问题的重要性，美国学者安德森首次提出"政府间关系"这一概念。随后，学者们在对府际关系研究的基础上对府际协同治理进行了深入的研究，刘祖云（2007）对府际关系提出一个"十字型博弈"的解释框架。在这种"十字型关系"模式中，政府间权力与利益的博弈呈现出比较复杂的"十字博弈"的交叉态势。张明军和汪伟全（2007）对府际治理的特征进行了总结，认为府际治理强调政府间在信息、共同分享、共同规划、一致经营等方面的协力合作；强调公私部门的混合治理模式，倡导第三部门积极参与政府决策。黄爱宝（2009）将府际环境治理界定为各级各类政府及其部门之间的，以解决生态环境问题为焦点和目标，以生态环境为府际关系的具体内容，以环境合作为府际关系的具体形式，并强调非政府主体参与政府环境决策的管理过程。李胜和陈晓春（2010）对跨行政区流域水污染治理困境进行了深层次的分析，认为污染的溢出效应使各行政区无法单独对污染进行有效的治理。刘春湘、李正升（2014）等认为，流域的协同治理应从主观认识、管理机制、具体政策上着手，提高各利益相关者的认识，统一协调；成立流域的协同管理机构，纳入多元主体并分工协作；完善地方政府绩效评估体系以及建立水污染治理的生态补偿机制。第二，是政府、市场和公众间的协同治理模式。汪建昌（2010）提出理想网络型府际关系在注重政府间的相互关系的同时也需要政府以平等的地位与公民、企业及第三部门合作。陈飞和诸大建（2009）；戴亦欣（2009）认为国内基于治理理论的低碳城市管理框架中，应发挥现代政府—国家行政体制、企业—市场机制、非政府组织—社会机制的作用，清晰参与主体之间的利益关系，制定良好的机制协调好各主体之间利益博弈，是环境治理过程中的关键问题。余敏江（2013）认为区域生态环境协同治理的实施过程是强制性章规制度的建立、管理运行机制的规范以及地方政府、企业和公众对协同治理的认同等因素共存且互相影响的过程。卢宁（2013）认为应该建立治理主体协同、治理程序协同、治理技术协同、治理标准协同和治理考核协同"五位一体"的多元协同治理模式作为大气污染问题的解决机制。

关于影响协同治理稳定性的影响因素，学者们从治理主体之间的信任度、所解决问题的规模和严重性、组织管理能力等各方面进行了刻画。Ostrom 等（1996）认为协同治理的参与者之间需要彼此建立一个可信的承诺，政府和公民间清晰的可执行的合同将增加他们之间的可信度。如果政府没有按照他们达成的协议采取行动，公民将更有可能打破他们的承诺。他还指出，通常被认为是政府和公民所生产的公共产品的协同生产对于发展中国家获得更高的福利是非常关键的。Kwon 和 Feiock（2010）则认为社会信任是支撑信息共享和利益趋同的关键。McGuire 和 Silvia（2010）通过实证证明了关于政府间合作的决定性因素的三个假设，论述了协同合作是一个关于问题严重性、组织和管理能力以及内部结构的函数，并指出问题的规模和严重性的快速变化增加了政府之间协作的程度。LeRoux 等（2010）认为在某一区域的公共问题分解为多个管辖权区域协同解决，可以更有效的管理这些问题，减少负外部性和规模效益最大化。Gazley 等（2010）认为协同能力取决于集中跨边界活动，包括网络关系、收入来源以及利益相关者的数量。另外，资源的投入，比如劳动力和组织的参与，在协同中起着非常关键的作用。Ling 和 Jiang（2013）通过分析成渝经济区政府间的协同治理，试图解释和探索了政府间相互合作增加共同利益并达到协同发展的"帕累托改进"的过程。指出协同治理包括使不同利益相关者之间冲突得以协调并联合行动的正式和非正式的规则。这一理论强调了所有子系统是相互依赖、利益共享、风险共担的，这有助于政府之间的合作共赢。

### 1.2.3 关于环境治理与高质量发展评价的研究

目前，国际上比较权威的环境治理评价指标体系主要包括国际标准化组织的 ISO14031《环境治理评价标准》、加拿大特许会计师协会（CICA）的《环境治理报告》、世界可持续发展企业委员会（WBCSD）的生态效益评价标准以及全球报告倡议组织（GRI）的《可持续发展报告指南》。1999 年，国际标准化组（ISO）在充分考虑地域、环境和技术等因素后制定了 ISO14031《环境治理评价标准》，将环境治理指标划分为环境状态指标、管理绩效指标和经营绩效指标，并为相关主体内部环境治理评价提供了一个"环境治理指标库"。1994 年，CICA 在《环境治理报告》基于外部利益相关者信息需求的角度列举了资源、公用事业、大型制造业、小型制造业、零售业、交通业和其他服务业等 7 种行业、15 个方面的环境治理指标，该指标体系主要是针对企业协同推进环境保护与经济发展的评价体系，为企业环境治理评价提供了参考。2000 年，WBCSD 提出了全球第一套生态效益评价标准，并给出了生态效率的基本计算公式：生态效率=产品或服务的价值/环境影响。WBCSD 将生态效益指标分为"产品或服务的价值""创造产品或服务的过程中对环境的影响"和"产品或服务的使用过程中对环境的影响"三大类，同时为便于企业根据自身特点构建指标，又将指标细分为核心指标和辅助指标，其中核心指标对不同主体具有普遍适用性，该指标体系为政府协同推进环境保护与经济发展评价指标体系的构建具有较大的参考价值。2006 年，GRI 编制的《可持续发展报告指南（第三版）》从经济、环境、和社会三方面提出了反映企业可持续发展的核心指标和附加指标，指标内容涉及原料、能源、水、生物多样性、废气污水和废物、产品和服务、法律遵从成本、运输以及环保投资九大方面。Commom（2007）在改进国家经济绩效指标上做了非常具有启发性的研究，他将国家的经济绩效定义为人类的满足程度（幸福感）与环境输入之比。对于环境输入主要考察了人均能源消耗、人均生态足迹和人均温室气体排放三个变量。Michael 等（2004）和 Seyed（2014）在构建环境治理评价体系时先后加入了人体健康指标和生命周期环境影响指标，环境治理评价指标体系在国际上得到了极大的丰富和完善。Stiglitz 等（2009）；Delmas 和 Etzion 等（2013）也重新审视了经济绩效和社会进步的测度，认为绩效测量影响着政府的行为，如果绩效测量是有缺陷的，政府的决定就会歪曲，政府政策应该关注社会福利增长而不是 GDP，一旦经济绩效测量中合理地考虑了环境恶化，政府就应该在促进 GDP 增长和环境保护中做出恰当的选择。环境保护应该是社会责任的重要内容，政府绩效应该综合考虑经济绩效和环境治理。Olafsson 等（2014）认为在许多国家社会经济发展的同时也带来了很高的生态足迹，因此在对经济绩效进行评价时应该考虑环境容忍指标、环境治理指标和生态足迹等。

　　国内学者对环境治理评价指标体系的研究比较多。有从企业环境治理层面展开的研究，陈静等（2007）基于 WBCSD 的生态效益评价指标构建我国企业环境治理动态评价指标体系。胡建等（2009）针对中小企业环境治理评价中的缺陷从环境管理绩效、操作绩效、环境状况和环境效益四个方面构建了我国中小企业环境绩效评价指标体系。随着环境治理评价理论的不断壮大，一些学者在研究环境治理评价时还加入了新的元素，环境治理评价研究在我国得到了新的发展。倪星和余凯（2005）认为政府绩效评价的价值取向应由重效率轻公平与民主，重经济增长轻社会增长，重建为效率与公平、效率与民主、经济发展与社会发展并重的政府绩效评价价值取向。郑方辉（2011）指出环境污染或者唯 GDP 至上具有强大的"民意基础"和体制性推动，但基于科学的发展观以及现代政府职能和作为，保护生态环境已经到了刻不容缓且举步维艰的境地，需建立相对独立的环保绩效评价体系。我国"十二五"时期经济社会发展主要指标中的经济发展维度包括国内生产总值、服务业增加值比重和城镇化率，资源环境维度包括耕地保有量、单位工业增加值用水量、农业灌溉用水有效利用系数、非化石能源占一次能源消费比重、单位国内生产总值能耗、单位国内生产总值二氧化碳排放、主要污染物排放、森林增长等指标。范柏乃等（2005）用 GDP 增长率、原材料消耗强度、人均 GDP、单位能耗产出 GDP、全员劳动生产率来衡量地方政府促进经济发展的能力，用环保资金投入占 GDP 比重、工业废水处理率、工业废气净化率、工业固体废物处理率、人均二氧化硫排放量、人均绿地面积、人均耕地面积、森林覆盖率来衡量生态环境保护的能力。崔述强（2006）在政府绩效评价指标体系中将资源与环境领域层分为资源消耗、生活环境和生态环境三个层面，主要包括单位 GDP 水耗、单位 GDP 能耗、噪声污染均值、空气质量等级、城镇垃圾回收率、植被覆盖率等指标。郑方辉等（2008）用环保投入、大气保护、森林和植被保护、水资源保护、能源消耗、原材料消耗、环保意识、重大环境事故等指标来衡量政府生态环境保护的效率。并指出应该建立相对独立的环境绩效评价指标体系。倪星等（2009）用规模以上工业能耗和水耗强度等指标来衡量经济发展质量，用环保投资、工业废水、废气和固体废弃物排放与处理情况，耕地、森林、绿地情况，空气指数、垃圾回收利用率等指标来衡量资源环境保护情况。陈晓春等（2012）指出低碳经济理念强调的是"人与自然的和谐"，应该以生态保护、能源节约、长远效率等理念来指导政府行为。徐沛绩等（2016）将财务思想合理地融入环境治理研究之中，构建了基于我国"十三五"规划要求的工业行业生态经济建设综合评价理论体系。有从政府环境治理层面展开的研究，近些年来，政府绩效评价开始更多地强调生态环境效率、能源效率、经济社会可持续发展的重要性。

### 1.2.4　关于协同推进环境保护与经济发展路径的研究

高质量发展是能够体现"创新、协调、绿色、开放、共享"新发展理念的发展，是经济发展演进的高级状态和最优状态，是经济发展的有效性、充分性、协调性、创新性、持续性、分享性和稳定性的综合性现代化治理体系是由经济、政治、文化、社会、生态文明等领域紧密相连、相互协调所形成的体制、机制和法律法规安排。2002年联合国开发计划署提出中国要借助市场机制推进绿色发展。2008年联合国环境规划署提出"全球绿色新政"和发展"绿色经济"倡议，主张调整能源效率、可再生能源、绿色交通、绿色建筑、水资源管理等领域的政策，促使经济绿色化。2009年OECD主张短期内通过政策工具和绿色投资促进经济复苏。学术界也进行了广泛研究，William A.Brock 和 M.Scott Taylor（2004）为主要代表的经济学家们运用内生经济增长模型和新古典增长模型对经济与环境如何能协调发展进行了研究。Tomoo Machiba（2010），Lucas Bretschger（2010）等的研究指出保持经济绿色增长，实现资源环境与经济的协调发展可以通过结构转变、生态创新来完成。Viet-Ngu Hoang，Mohammad Alauddin（2012）研究了OECD30个国家的农业生产的经济效益、环境效益和生态效益，结果表明这些国家应从技术创新或改变投入组合入手提高环境生态和经济发展的协调性，经济与环境的可持续性发展有很大的空间。J Solar，M Janiga 等（2016）从地区政治、人口统计、经济、自然保护区等几个方面出发对社会经济和环境的可持续发展进行了研究，强调了人类活动对于地区环境的影响，要在保护环境的基础上寻找新的经济增长点。

从国内研究来看，李茜（2016）认为促成经济增长与生态环境联动，应该从提升污染治理技术、提高外资准入生态环保门槛、严格污染排放管理，构建经济、社会、环境协同发展的联动格局等各方面着力。金碚（2018）和王一鸣（2018）认为高速增长转向高质量发展的实现，必须基于新发展理念进行新的制度安排，特别是要进行供给侧结构性改革，要形成适应高质量发展要求的体制机制环境。迟福林（2018）指出经济转向高质量发展，要突出强调动力变革，要以动力变革来推动效率变革，进而促进质量变革，由此形成质量效益明显提高、稳定性和可持续性明显增强的高质量发展新局面。王育宝等（2019）认为应从省域间产业发展与环境耦合发展的机制，加强对兼容生态保护的经济高质量发展政策目标，政策工具的分析和提炼等方向的研究。韩保江（2019）在新时代推动经济高质量发展，应深入理解社会主义基本经济制度的新内涵，更好地坚持和完善社会主义基本经济制度，为加快推动高质量发展提供制度保障。任保平等（2019）指出协调好经济数量与质量、稳增长与调结构、市场与政府、经济发展与环境保护、提高供给质量与淘汰落后产能以及经济发展与人民生活水平提高之间的关系实现经济与环境相协调的绿色发展模式是新时期经济高质量发展的必然选择。于立新（2019）指出首先要切实加强生态文明建设，全面构建起政府、企业、公共共建共治共享的生态环境建设新格局。赵洋（2020）认为应通过引导全民形成绿色发展的思维观念，培育经济发展新动能，提升环境治理能力和治理水平等路径构建经济与环境相协调的新型发展模式。王鲍顺（2020）对于政府协同推进高质量发展和高水平保护提出了以下几点建议：一是规范监督管理行为，优化监管方式。二是强化依法行政理念，规范执法行为。三是提升政府服务意识，增强服务能力。程会强（2020）以中新天津生态城可持续发展建设为例进行实证分析，得出典型地区经济高质量发展与生态环境高水平保护模式的发展经验。生态优先绿色发展必须坚持党的领导，牢固树立正确政绩观、发展观，习惯于在资源环境硬约束下推进高质量发展。刘青松、李庆旭、石婷（2020）指出要从高效率推进生态文明制度建设、高水平保障生态环境安全、高质量推动生态经济发展、高规格打造生态文化品牌四个方面推进高质量发展与高水平保护。黄润秋（2021）提出加快建立健全绿色低碳循环发展经济体系，以生态环境高水平保护推动疫情后经济社会发展全面绿色低碳转型。统筹推进区域绿色发展，构建国土空间开发保护新格局。加快推进"三线一单"落实落地，为绿色发展、高质量发展画好框子，定好规矩。夏光（2021）指出高水平保护实施"双线驱动"策略。第一条是"监管倒逼"线。即生态环境保护主要在经济发展的"外围"，以法治、标准、红线、监管等方式去倒逼经济向高质量、绿色化方向转型。第二条是"融入合作"线，即生态环境保护主动进入经济发展"内部"之中去，把生态环境要求转化为经济高质量发展的基本内容，通过促进经济绿色发展达到保护和改善生态环境的目的。

## 1.2.5　研究评述

对以往学者的研究成果进行综述后,发现有些方面是值得进一步研究的:

第一,以往学者围绕环境保护与经济发展关系及概念的界定、经济发展与生态环境保护协同的理论基础、体制机制和实现路径等方面都提出了一些新观点。但对协同推进环境高水平保护和经济高质量发展理论提炼、效率评价、具体对策的研究比较少,本文将在对环境保护与经济高质量发展之间关系进行分析的基础上,基于以往学者的研究成果及我国环境保护与经济高质量发展实际情况,对协同推进高水平保护与高质量发展效率的评价方法和评价标准进行研究,探索协同推进经济高质量发展和环境高水平保护的理论启示和实践路径。

第二,以往学者对协同推进环境保护与经济发展的研究,或者从宏观层面研究环境保护与经济发展的共赢发展,或者从微观层面进行绩效评价,或者从具体操作层面研究政府、市场、公众等主体如何协同治理,很少同时从宏观、微观和具体操作层面进行系统性研究。协同推进环境高水平保护和经济高质量发展是一个多维度多层次的体系架构,其维度呈现出从企业层面到产业层面、从区域层面到全局层面以及从生态、经济单一层面向社会综合层面不断递进的趋势。本文将从宏观、微观和具体操作层面对协同推进环境高水平保护和经济高质量发展的理论提炼、效率评价、具体对策进行研究。

第三,以往关于环境治理绩效的评价虽然体现了环境保护和经济发展共赢的思想,但从评价标准或者评价指标体系来看,要不就是以环境保护为侧重点来探讨环境效率,要不就是以经济发展为侧重点研究绿色发展理念下的经济效率。绿色发展理念强调的是环境保护与经济发展并重,本研究将把环境保护和经济发展放在同等重要的位置来评价协同推进环境高水平保护和经济高质量发展的效率。

第四,在构建环境治理模式中,协同治理已逐渐为学者们所关注,但微观层面的研究比较多,大多数学者从治理主体的角度用博弈的方法分析了政府之间、政府与市场、公众之间的关系,阐明了协同治理在提高地方经济社会发展效率中的重要性,但是鲜有文献对环境治理的协同模式进行研究。本研究将在对政府之间、政府与市场和社会之间的协同关系分析的基础上,建立环境治理的协同模型。同时也从中观和宏观层面对环境高水平保护和经济高质量发展的协同关系和协同模式进行探讨。

## 1.3 研 究 思 路

### 1.3.1 研究内容

本书结合当前我国资源环境问题的实际背景和国内外关于环境保护和高质量发展的研究现状，提出研究问题、确立研究主题，并从宏观、微观和具体操作层面来研究如何协同推进环境高水平保护和经济高质量发展。首先是从宏观层面，在协同推进环境高水平保护和经济高质量发展的理论架构内，对从绿色发展理论、协同理论、可持续发展理论和利益相关者理论等基础理论中得到的启示进行分析的基础上，对环境高水平保护与经济高质量发展之间的关系进行阐释，并对协同推进环境高水平保护和经济高质量发展的政策演进进行梳理；随后从微观层面，对环境保护和经济发展的关系进行分析的基础上，探讨协同推进环境高水平保护和经济高质量发展效率的评价方法和评价指标的选取，并对影响协同推进环境高水平保护和经济高质量发展效率的因素进行分析；最后，从具体操作层面构建协同推进环境高水平保护和经济高质量发展不同主体之间的协同模型，并提出具体的对策建议。全文共分八章，各章主要内容简介如下：

第 1 章是绪论部分。首先，提出问题，通过对我国经济发展的现实背景和环境治理进程的分析，提出协同推进环境高水平保护和经济高质量发展具有重要意义。随后，对国内外相关研究成果进行梳理，对以往研究的主要观点、方法和理论基础进行综述，凝练出本研究将研究的主要内容。最后，给出了本研究的基本思路，介绍了本研究的主要研究方法。

第 2 章是基础理论部分，首先，以绿色发展理念为理论主线，对环境高水平保护与经济高质量发展的主要基础理论进行梳理，并对绿色发展、可持续发展理论、协同理论、利益相关者理论等如何与本书所研究的内容相契合进行简要分析；随后，分别从宏观、微观和操作三个层面对协同推进高水平保护与高质量发展的体系框架进行描述，并给出本书的研究范畴。

第 3 章对协同推进环境保护和经济发展的相关政策进行梳理。首先，介绍了我国环境保护理念形成阶段的政策雏形；其次，介绍了我国环境与经济协同发展理念不断深入阶段的政策演进；再次，介绍了"绿色发展理念"深化阶段的政策演进；最后，对我国环境与经济协同发展政策演进的特征和启示进行分析。

第 4 章对环境高水平保护和经济高质量发展的关系进行阐述。首先，对国内外关于环境保护和经济发展之间关系的探索进行梳理；其次，基于习近平总书记关于"两条鱼""两座山""两只鸟"的重要论述，阐述了生态环境保护和经济发展之间辩证统一的关系；再次，在对高质量发展的丰富内涵进行解读的基础上，明确了生态环境高水平保护是高质量发展的应有之义；最后从高水平保护对高质量发展推力作用的角度来和高质量发展加速高水平保护的角度阐释两者之间的关系。

第 5 章对高水平保护与高质量发展的协同机制进行分析。首先，对高水平保护与高质量发展作用机理进行分析，随后，对高水平保护与高质量发展协同关系分析的基础上，用模型对两者之间的协同关系进行描述；最后，从协同形成机制、协同运行机制和协同保障机制着手构建高水平保护与高质量发展的协同机制。

第 6 章对协同推进高水平保护与高质量发展的效率评价进行研究。首先，对环境和经济效率评价中比较常用的评价框架体系进行梳理和分析；其次，在对 DEA 方法的基本思想进行介绍的基础上构建本文的评价模型；最后，在绿色发展理论和协同理论架构内，确定协同推进高水平保护与高质量发展的效率评价标准。

第 7 章对协同推进高水平保护与高质量发展的路径进行研究。首先，对协同推进高水平保护与高质量发展提出对策建议；随后，从微观层面构建协同推进高水平保护与高质量发展的模式。

## 1.3.2 研究方法

本研究采用了理论研究与实证分析并重的研究方法，在研究中注重定性研究与定量研究相结合、归纳比较和演绎分析相结合、专业研究与多学科交叉研究相结合。

（1）文献研究法：研读国内外经典文献，以文本解读的方法予以分析。在高质量发展和环境治理理论架构内，将经济高质量发展和环境高水平保护的基本规律联系起来，阐明经济高质量发展和环境高水平保护的关系。

（2）理性主义分析法：即建立在承认人的推理可以作为知识来源的理论基础上的一种哲学方法，运用该方法对环境高水平保护和经济高质量发展的关系、协同机制、协同推进过程中的问题和经验做法进行综合分析，从特别中抽象出一般，探索行之有效的实践路径。

（3）形态分析法：形态方法是根据关于形态的一般理论来研究形态的性能、结构及其关系的马克思主义的科学方法，本研究需要用形态方法研究环境保护与经济发展的关系、基本结构和内在价值取向等内容。

（4）实地调研法：区别于以往学者通过搜集二手数据用计量模型进行定量分析为主的做法，本项目将重点放在对的生态保护、环境质量、资源利用、产业结构转型升级、新旧动能转换等相关问题的实地调研上，获取一手数据和信息，以此为基础的研究将更接近现实，更具有实际意义。

（5）计量分析法：本研究在文本总结和案例分析的基础上，提炼协同推进高水平保护与高质量发展的基本理论和假设，构建协同路径分析模型图，同时，对生态环境保护、资源利用、产业结构、新旧动能转换等相关数据进行纵横向比较，从横向角度找差距，从纵向角度发现规律，科学研判协同推进经济高质量发展和环境高水平保护的问题及对策。

## 1.4　本　章　小　结

改革开放以来，以经济建设为中心的总方针在我国经济发展实践中推进了生产力的大幅提高，取得了举世瞩目的经济成就，但在此过程中环境资源问题也逐渐显现。为实现生态环境保护与经济发展协同并进，促进人与自然和谐共生，我国绿色发展理念作为经济社会发展领域的一个基本理念。在习近平总书记生态文明建设一系列新理念新思想新战略的指引下，我国实行了一系列绿色发展政策，不断完善环境制度，促进了我国经济发展方式的转变，推进了经济高质量发展，绿色发展步伐不断加快。但是，协同推进环境高水平保护和经济高质量发展依然任重道远。

生态环境问题同样引起了学术界的广泛关注，围绕环境保护与经济发展关系及概念的界定、经济发展与生态环境保护协同的理论基础、体制机制和实现路径等方面进行了广泛研究，并提出了一些新观点。本文将进一步拓展研究视域，在对环境保护与经济高质量发展之间关系进行分析的基础上，基于以往学者的研究成果及我国环境保护与经济高质量发展实际情况，对协同推进高水平保护与高质量发展效率的评价方法和评价标准进行研究，探索协同推进经济高质量发展和环境高水平保护的理论启示和实践路径。

# 第 2 章　协同推进高水平保护与高质量发展的理论架构

　　"新时代抓发展，必须更加突出发展理念，坚定不移贯彻创新、协调、绿色、开放、共享的新发展理念，推动高质量发展。"其中，绿色发展理念是我们党对自然界发展规律、人类社会发展规律、中国特色社会主义建设规律在理论认识上的升华和飞跃，传承了党的发展理论，也开辟了马克思主义生态观的新境界，深刻揭示了新时代抓发展的基本要求，是新时代实现发展和保护内在统一、相互促进和协调共生的方法论，为推动经济高质量发展明确了行动标准。此外，可持续发展理论、环境库兹涅茨曲线理论、利益相关者理论及协同理论都是本书的基础支撑理论。协同推进环境高水平保护和经济高质量发展是一个多维度多层次的体系架构，其维度呈现出从企业层面到产业层面、从区域层面到全局层面以及从生态、经济单一层面向社会综合层面不断递进的趋势。而落实到具体实施方法上，是一个由政府规制、市场激励与社会引导三大治理主体组成的多元协同体系。

　　本章共包括 3 节，第 1 节以绿色发展理念为理论主线，对环境高水平保护与经济高质量发展的主要基础理论进行梳理，并对绿色发展、可持续发展理论、协同理论、利益相关者理论等如何与本书所研究的内容相契合进行简要分析；第 2 节分别从宏观、微观和操作三个层面对协同推进高水平保护与高质量发展的体系框架进行描述，并给出本书的研究范畴；第 3 节是本章小结。

## 2.1　协同推进高水平保护与高质量发展的基础理论

### 2.1.1　绿色发展理念

　　绿色发展理念既有着深厚的历史文化渊源，又科学把握了时代发展的新趋势，体现了历史智慧与现代文明的交融。绿色发展是以效率、和谐、持续为目标的经济增长和社会发展方式，其核心要义是要解决好人与自然和谐共生问题。绿色发展与可持续发展在思想上是一脉相承的，既是对可持续发展的继承，也是可持续发展中国化的理论创新，也是中国特色社会主义应对全球生态环境恶化客观现实的重大理论贡献。

### 1. 绿色发展理念的形成

早在马克思的《资本论》中，就已经蕴含了绿色发展思想，包括自然生产力观、生态发展观、生态消费观等。"绿色发展，就其要义来讲，是要解决好人与自然和谐共生问题。"马克思主义的生态文明观回答了人与自然之间如何进行协调发展的问题，认为人是自然界的一部分，马克思指出："自然界，就它自身不是人的身体而言，是人的无机的身体。人靠自然界生活。人的肉体生活和精神生活同自然界相联系，不外是说自然界同自身相联系，因为人是自然界的一部分。"同时，马克思又指出："环境的改变和人的活动的一致，只能被看作是并合理地理解为革命的实践"。在马克思的分析中，经济循环是与物质变换（生态循环）紧密地联系在一起的，而物质变换又与人类和自然之间的新陈代谢的相互作用相互联系。人因自然而生，人与自然是一种共生关系，对自然的伤害最终会伤及人类自身。因此，如果人类盲目而不加节制地对待自然，这种"新陈代谢"就会发生断裂。只有协调好与自然界结成的共生关系，人类社会才能真正实现可持续的良好发展态势。马克思的这一观点，首先解决的是人和人类社会与自然的关系问题，这正是绿色发展理念的重要内涵。

最早体现绿色发展理念以"绿色"命名的一个概念是绿色经济。绿色经济的概念在 1946 年英国经济学家希克斯提出的绿色 GDP 思想中得以体现，他认为只有当全部的资本存量随时间保持不变或增长时，这种发展方式才是可持续的。1966 年美国经济学家肯尼思·鲍尔丁提出了"宇宙飞船经济学"，他认为地球经济系统就像宇宙飞船，是一个孤立无援的独立系统，靠不断消耗自身资源存在，只有实现资源循环利用，地球才能得以长存。1989 年英国经济学家大卫·皮尔斯等在《绿色经济蓝图》报告中首次采用"绿色经济"的描述，认为"经济影响环境""环境影响经济"，报告指出，将环境融入资本的投资中或许可以解决增长和环境之间的矛盾。1996年大卫·皮尔斯在《绿色经济的蓝图》一书中提出绿色经济是一种在自然环境与人类自身承载能力范围内，而不是单纯追求生产力持续提升的经济发展模式。2007 年，联合国环境规划署在《绿色工作：在低碳、可持续的世界中实现体面工作》报告中对绿色经济的定义如下："践行绿色经济的主体是一个注重改善人与自然之间关系，从而为社会创造体面和高薪工作的经济体"。联合国开发计划署认为，绿色经济可以降低环境风险，改善生态脆弱性，同时增进人类福祉，促进社会公平，这一举措不仅是为应对全球金融危机提出的经济发展转型方案，也是对绿色发展理念的一次探索与实践。2010 年，联合国环境规划署将绿色经济定义为一种能够改善人类福祉和社会公平，同时大大降低环境风险和生态稀缺的经济。2012 年"里约+20"联合国可持续发展大会的主题之一就是绿色经济，大会成果文件《我们希望的未来》提出，可持续发展和消除贫穷背景下的绿色经济是可以实现可持续发展的重要工具之一，可提供各种决策选择，但不应该成为一套僵化的规则，这种绿色经济有助于消除贫穷，有助于经济持续增长，增进社会包容，改善人类福祉，为所有人创造就业和体面工作机会，同时维持地球生态系统的健康运转。绿色经济一词出现后，绿色增长这一概念出现在 2005 年，联合国亚洲及太平洋经济社会委员会召开的第五届环境与发展部长会议的文件中，认为绿色增长是强调环境可持续性的经济进步和增长，用以促进低碳的、具有社会包容性的发展。《韩国绿色增长基本法》认为，绿色增长是最小化使用能源、资源，减少气候变化和环境污染，通过清洁能源、绿色技术开发以及绿色革新，确保增长动力，创造工作岗位，实现经济环境和谐相融的增长方式。经济合作与发展组织（OECD）2011年将绿色增长定义为"促进经济增长和发展，同时确保自然资产继续提供我们的福祉所依赖的资源和环境服务"。

21 世纪的头十年，我国逐渐成为全球环境保护事业的引领者，绿色发展的概念开始形成。在"十二五"规划编制阶段，清华大学国情研究院团队提出绿色发展这一概念，将其作为推动经济、政治、社会、文化和生态建设的抓手之一。2011 年，"十二五"规划中将绿色发展作为建设资源节约型、环境友好型社会的主题，绿色发展的概念开始在官方文件中正式出现。世界银行和国务院发展研究中心联合课题组在《2030 年的中国：建设现代、和谐、有创造力的社会》中认为，绿色发展是指经济增长摆脱对资源使用、碳排放和环境破坏的过度依赖，通过创造新的绿色产品市场、绿色技术、绿色投资以及改变消费和环保行为来促进增长。这一概念包括三层含义：一是经济增长可以同碳排放和环境破坏逐渐脱钩，二是"绿色"可以成为经济增长新的来源，三是经济增长和"绿色"之间可以形成相互促进的良性循环。中国科学院可持续发展战略研究组（2010）认为，绿色发展或绿色经济是相对于传统"黑色"发展模式而言的有利于资源节约和环境保护的新的经济发展模式，其核心目的是为突破有限的资源环境承载力的制约,谋求经济增长与资源环境消耗的脱钩,实现发展与环境的双赢。胡鞍钢(2012)认为,绿色发展是经济、社会、生态三位一体的新型发展道路,以合理消费、低消耗、低排放、生态资本不断增加为主要特征,以绿色创新为基本途径,以积累绿色财富和增加人类绿色福利为根本目标,以实现人与人之间和谐、人与自然之间和谐为根本宗旨。中国国际经济交流中心课题组(2013)认为,绿色发展等同于绿色经济,绿色发展就是将绿色经济与经济发展相结合的经济发展模式,绿色经济不是经济发展的障碍、成本和负担,而是经济发展新的动力、利润和增长点。此外,还有诸多国内学者对绿色发展概念作了探讨。刘世锦(2016)认为,实现绿色发展的首要任务是解决生态资本如何量化核算的问题,同时要注重绿色标准和绿色金融,方可实现绿色发展的可操作性。基于对绿色发展的广泛研究,绿色发展理念逐步走向成熟,绿色发展的一系列理念也被付诸实践。

## 2. 新时代绿色发展理念的丰富内涵

在党的十八届五中全会上,习近平同志提出创新、协调、绿色、开放、共享"五大发展理念",将"绿色发展理念"作为关系我国发展全局的一个重要理念。绿色发展理念是我们党对自然界发展规律、人类社会发展规律、中国特色社会主义建设规律在理论认识上的升华和飞跃,带来的是发展理念发展方式的深刻转变,从根本上更新了人们关于自然资源价值的传统认识。

第一,绿色发展理念蕴涵的是人民群众对美好生活的根本诉求。进入新时代,人民对美好生活的需要日益广泛,对美好生活的要求也不断提高,然而,生态欠债、环境恶化严峻等问题却成为人们追求美好幸福生活的主要障碍之一。实现人民对美好生活环境的向往就必须坚持以人民为中心,从人民对优质生态环境的美好期盼着手解决好发展不平衡不充分的问题。社会发展实践经验表明,发展理念脱离人民群众对美好生活基本诉求的发展是不可持续的发展。绿色发展理念正是"坚持以人民为中心的发展思想,不断促进人的全面发展"这一理念的集中体现,致力于破解环境保护和经济发展如何共赢的难题。习近平总书记强调:要坚定推进绿色发展,推动自然资本大量增值,让良好生态环境成为人民生活的增长点、成为展现我国良好形象的发力点,让老百姓呼吸上新鲜的空气、喝上干净的水、吃上放心的食物、生活在宜居的环境中、切实感受到经济发展带来的实实在在的环境效益,让中华大地天更蓝、山更绿、水更清、环境更优美。"良好生态环境是最公平的公共产品,是最普惠的民生福祉。""建设生态文明,关系人民福祉，关乎民族未来。""环境就是民生，青山就是美丽，蓝天也是幸福。"这些话语正是对人民对良好生态环境渴望和诉求的回应。绿色发展理念的主旨是服务于人的需要和人的发展。一个社会只有当它能使大部分人的福祉得到改善时，经济发展的目标才能够实现。离开人民这个中心，单纯强调经济建设，经济的发展就会失去前进的动力。绿色发展理念不单纯追求经济发展，更加追求人的全面发展和生态环境的保护。绿色发展理念不仅包含了生态文明和循环经济的内容，以及以人为本，以发展经济、全面提高人民生活福利水平为核心，保障人与自然、人与环境的和谐共存，人与人之间的社会公平最大化的可持续发展内容，又包含了以最小的资源耗费得到最大的经济效益，只不过与传统经济学不同，是建立在绿色、健康、更有效的基础上使自然资源和生态环境得到永续利用和保护的效率最大化、利润最大化的经济。绿色发展理念体现了我们党对人民主体地位的高度重视，经济社会发展坚持以人为本，才能得民心，偿民愿，只有坚持为人民谋福祉，才能保证社会主义建设事业永葆青春，不断向前。绿色发展理念描绘了人民期许的优美生态环境新愿景，是实现人民对美好生活的向往的重要理论支撑，蕴涵着人民群众对美好生活的根本诉求。

第二，绿色发展理念映射的是经济高质量发展的实践新要求。综观世界经济发展史对经济发展质量的理论研究，从早期更多关注经济发展的"效益"或"效率"，到关注技术进步对经济发展的贡献，再逐步扩大到现在对制度安排、生态环境、社会公平等方面的关注，表明经济发展质量不仅与"效益"和"效率"有关，还与发展动力、制度安排、环境质量、公平正义等要素相关。因此，从理论的角度可以将高质量发展理解为，以高效率、高效益的生产模式持续公平地满足全社会更高层次需求的、更充分更均衡的发展。而从国内外经济发展实践来看，经济高质量发展重点关注的是发展质量、发展效率和发展动力的变革。具体而言，高质量发展要推动经济发展方式的大力转变，推动经济从规模扩张转向结构优化，从要素驱动转向创新驱动，是更加强调城乡区域协调发展，人与自然的和谐共生、高层次内外联动发展、发展成果更多更公平惠及全体人民的发展。过去我们的发展理念中将人置于自然界之上，曾一度出现的 GDP 崇拜、"环境掠夺式"的经济增长方式就是这种发展观念的结果。这种旧式的发展理念的偏差使我国发展在实践上重蹈了西方国家"先发展、后治理"或"边污染、边治理"的老路，积累了大量生态环境问题。基于此，我们党适时确立了绿色发展理念。绿色发展理念不仅仅是一个理念问题，更是一个实践问题，要求我们在实践中辩证认识和处理好环境保护和经济发展的关系，要在制度建设中着重解决环境保护和经济发展关系的矛盾，让生态环境的高水平保护成为经济发展的增长点、转型升级的助推器。绿色发展追求的不是简单重视自然资源的价值，而是从动态上强调对生态环境和自然资源的永续利用、代际公平，始终把环境与生态因素作为经济发展的基础，强调经济持续发展的关键在于生态环境与资源的永续性。习近平总书记指出，要坚持和贯彻新发展理念，正确处理经济发展和生态环境保护的关系，像保护眼睛一样保护生态环境，像对待生命一样对待生态环境，坚决摒弃损害甚至破坏生态环境的发展模式，坚决摒弃以牺牲生态环境换取一时一地经济增长的做法，让良好生态环境成为人民生活的增长点、成为经济社会持续健康发展的支撑点、成为展现我国良好形象的发力点，让中华大地天更蓝、山更绿、水更清、环境更优美。绿色发展理念强调新时代发展要推动发展方式的转变、经济结构的优化和增长动力的转换；强调社会再生产过程中产业、城乡和区域发展的协调性，人与自然的可持续性，强调坚持人民主体地位，让人民共享发展成果，激发人民群众积极推进绿色生产生活方式的热情，这正是高质量发展的目标与要求。

第三，绿色发展理念彰显的是对全球生态安全的责任担当。绿色发展理念是发展观的一场深刻革命，它是旧理念旧利益与新的发展理念和要求的交锋，需要全社会对绿色理念达成一致共识，推动形成全新的社会生产生活方式，进而最终达到环境友好、资源节约的社会发展目的，实现可持续发展。它不仅是摆在中国面前的一个大课题，也是世界发展的未来模式。正如习近平总书记在十九大报告中说的，"实现中国梦离不开和平的国际环境和稳定的国际秩序。必须统筹国内国际两个大局，始终不渝走和平发展道路、奉行互利共赢的开放战略，坚持正确义利观，树立共同、综合、合作、可持续的新安全观，谋求开放创新、包容互惠的发展前景，促进和而不同、兼收并蓄的文明交流，构筑尊崇自然、绿色发展的生态体系，始终做世界和平的建设者、全球发展的贡献者、国际秩序的维护者。"人类文明是由世界各民族共同创造的，中国的发展对于世界有着举足轻重的作用，绿色发展理念彰显了中国对全球生态安全的责任和担当。自 20 世纪 90 年代以来，以"气候谈判"为标志，绿色低碳发展成为国际大趋势。2008 年，联合国环境署发出了《绿色倡议》，绿色发展和可持续发展成为当今世界的时代潮流。习近平总书记倡议，"国际社会应该携手同行，共谋全球生态文明建设之路，牢固树立尊重自然、顺应自然、保护自然的意识，坚持走绿色、低碳、循环、可持续发展之路"。在这方面，中国责无旁贷，将继续做出自己的贡献，走绿色发展道路，让资源节约、环境友好成为主流的生产生活方式。关于坚持绿色发展，党的十八届五中全会在提出"推进美丽中国建设"的同时，还提出要"为全球生态安全做出新贡献"。这是中国积极响应国际社会的绿色发展潮流的郑重承诺，表明将与各国一起，携手推进全球绿色、可持续发展，自觉对全球生态文明建设负起应有的责任。

## 2.1.2 可持续发展理论

### 2. 可持续发展理念的形成

可持续发展理论的形成经历了相当长的历史过程。最早于 20 世纪 60 年代提出，人们在经济增长、城市化、人口、资源等所形成的环境压力下，对"增长=发展"的模式产生怀疑并展开讲座。1962 年，美国女生物学家 Rachel Carson（莱切尔·卡逊）发表了一部引起很大轰动的环境科普著作《寂静的春天》，作者描绘了一幅由于农药污染所事业的可怕景象，惊呼人们将会失去"春光明媚的春天"，在世界范围内引发了人类关于发展观念上的争论，书中提出的有关生态问题的观点最终被人们所接受。环境问题从此由一个边缘问题逐渐走向全球政治、经济议程的中心。在这之后，随着公害问题的加剧和能源危机的出现，人们逐渐认识到把经济、社会和环境割裂开来谋求发展，只能给地球和人类社会带来毁灭性的灾难。进入 70 年代之后可持续发展引起了国际社会的普遍关注。1972 年，美国学者 Barbara Ward 和 Rene Dubos 的享誉全球的著作《只有一个地球》问世，把人类生存与环境的认识推向可持续发展的新境界。同年，罗马俱乐部发表了有名的研究报告《增长的极限》，明确提出"持续增长"和"合理的持久的均衡发展"的概念，并用数学模型预言：在未来一个世纪中，人口和经济需求的增长将导致地球资源耗竭、生态破坏和环境污染。除非人类自觉限制人口增长和工业发展，这一悲剧将无法避免。1980 年国际自然和自然资源保护联合会根据联合国环境计划委员会的委托，起草并经有关国际组织审议制定并公布了《世界自然资源保护大纲》，在文件中正式使用"可持续发展"一词，并系统阐述了可持续发展思想。1983 年 11 月，联合国成立了世界环境与发展委员会（WECD）。在 1987 年，由联合国世界环境与发展委员会发表的《我们共同的未来》，正式提出可持续发展概念和模式，对这一概念与其所包含的内涵均进行了详细地界定和阐述，并以此为主题对人类共同关心的环境与发展问题进行了全面论述，受到世界各国政府组织和舆论的极大重视。1989年世界环境与发展委员会提出"可持续发展"是既满足当代人的需求，又不对后代人满足其自身需求的能力构成危害的发展。可持续发展将环境与经济社会问题真正融合起来，需要站在全人类的立场上去考虑环境与发展问题，是人类有关环境与发展思想的重要飞跃。1992年联合国环境与发展大会在巴西里约热内卢举行，会议通过了《21世纪议程》《气候变化框架公约》等与可持续发展相关的5项文件和公约，可持续发展思想为世界上绝大多数国家和组织承认和接受，人类社会进入了一个新的发展观时代。可持续发展是科学发展观的基本要求之一，是一种注重长远发展的经济增长模式，它是指既能满足当代人的需要，又不损害后代人需求的一种能力。可持续发展理论是城市生态建设的理论基础和深入研究的依据。

### 2．可持续发展的界定

持续性这一概念是由生态学家首先提出来的，即所谓生态持续性，旨在说明自然资源及其开发利用程度间的平衡。1991年11月，国际生态学协会和国际生物科学联合会联合举行关于可持续发展问题的专题研讨会。将可持续发展定义为：保护和加强环境系统的生产和更新能力。从生物圈概念出发定义可持续发展，是从自然属性方面定义可持续发展的一种代表，即认为可持续发展是寻求一种最佳的生态系统以支持生态的完整性和人类愿望的实现，使人类的生存环境得以持续。同年，由世界自然保护同盟、联合国环境规划署和世界野生生物基金会共同发表了《保护地球——可持续生存战略》，其中提出的可持续发展定义为："在生存于不超出维持生态系统涵容能力的情况下，提高人类的生活质量"，并且提出可持续生存的九条基本原则。在这九条基本原则中，既强调了人类的生产方式与生活方式要与地球承载能力保持平衡，保护地球的生命力和生物多样性，同时，又提出了人类可持续发展的价值观和130个行动方案，着重论述了可持续发展的最终落脚点是人类社会，即改善人类的生活质量，创造美好的生活环境。《生存战略》认为，各国可以根据自己的国情制定各不相同的发展目标。但是，只有在"发展"的内涵中包括有提高人类健康水平、改善人类生活质量和获得必须资源的途径，并创造一个保持人们平等、自由、人权的环境，"发展"只有使我们的生活在所有这些方面都得到改善，才是真正的"发展"。除了上述从自然属性和社会属性定义可持续发展的概念之外，还有很多学者从经济属性定义可持续发展，认为可持续发展的核心是经济发展。在《经济、自然资源、不足和发展》一书中，作者 Edward B.Barbier 把可持续发展定义为"在保持自然资源的质量和其所提供服务的前提下，使经济发展的净利益增加到最大限度"。还有学者提出，可持续发展是"今天的资源使用不应减少未来的实际收入"。当然，定义中的经济发展已不是传统的以牺牲资源和环境为代价的经济发展，而是"不降低环境质量和不破坏世界自然资源基础的经济发展"。可持续发展战略的实施，科技创新起着重要作用。没有科学技术的支持，人类的可持续发展便无从谈起。因此，有的学者从技术选择的角度扩展了可持续发展的定义，认为"可持续发展就是转向更清洁、更有效的技术，尽可能接近'零排放'或'密闭式'工艺方法，尽可能减少能源和其他自然资源的消耗"。真正被国际社会普遍接受的是布氏定义的可持续发展，1987 年，布伦特兰夫人主持的世界环境与发展委员会，对可持续发展给出了定义："可持续发展是指既满足当代人的需要，又不损害后代人满足需要的能力的发展"。

### 2. 可持续发展的特点

可持续发展虽然缘起于环境保护问题，但已经超越了单纯的环境保护，它将环境问题与发展问题有机地结合起来，已经成为一个有关社会经济发展的全面性战略。传统的粗放型发展模式的概念框架中仅考虑到经济的增长，以无止境的耗费自然资源作为推动经济发展的代价，从而破坏人与自然环境的和谐与统一，破坏了人类赖以生存的外部自然环境。可持续发展是对传统的发展模式进行审视和批判后，形成的一种新的发展观。要求人类在发展中讲究经济效率、关注生态和谐和追求社会公平，最终达到人的全面发展。

第一，追求社会、经济和生态的协同。可持续发展的理论框架最终实现区域生态复合系统的和谐与稳定，即复合系统中的社会、经济和生态等各个子系统的协同发展，而不是仅注重发展经济指标。在经济可持续发展方面，鼓励经济增长而不是以环境保护为名取消经济增长，因为经济发展是国家实力和社会财富的基础。但可持续发展不仅重视经济增长的数量，更追求经济发展的质量。可持续发展要求改变传统的以"高投入、高消耗、高污染"为特征的生产模式和消费模式，实施清洁生产和文明消费，以提高经济活动中的效益、节约资源和减少废物。从某种角度上，可以说集约型的经济增长方式就是可持续发展在经济方面的体现。在生态可持续发展方面要求经济建设和社会发展要与自然承载能力相协调。发展的同时必须保护和改善地球生态环境，保证以可持续的方式使用自然资源和环境成本，使人类的发展控制在地球承载能力之内。因此，可持续发展强调了发展是有限制的，没有限制就没有发展的持续。生态可持续发展同样强调环境保护，但不同于以往将环境保护与社会发展对立的做法，可持续发展要求通过转变发展模式，从人类发展的源头、从根本上解决环境问题。在社会可持续发展方面强调社会公平是环境保护得以实现的机制和目标。可持续发展指出世界各国的发展阶段可以不同，发展的具体目标也各不相同，但发展的本质应包括改善人类生活质量，提高人类健康水平，创造一个保障人们平等、自由、教育、人权和免受暴力的社会环境。这就是说，在人类可持续发展系统中，生态可持续是基础，经济可持续是条件，社会可持续才是目的。

第二，推崇人与自然和谐发展的价值观。人作为区域活动的主体既来源于自然又作用于自然，由于自然资源与生态环境，自身自组织与自我恢复能力存在一个阈值，在特定技术水平和发展阶段下的对于人口的承载能力是有限的。人口数量以及特定数量人口的社会经济活动对于生态系统的影响必须控制在其承载能力限度之内，否则，就会影响或危及人类的持续生存与发展。因此，为了促进人类稳定、和谐的发展，就需要树立可持续发展的理念，不仅考虑到当代人，还要考虑到后代人的发展。不仅要实现同一代人之间资源的分配与利用应该是平等的，而且要实现不同代际之间的人对于资源和环境的拥有的公平性。

第三，谋求经济社会的全面进步。可持续发展强调经济增长的必要性，必须通过经济增长提高人类的福利水平，增强国家实力和社会财富。但可持续发展不仅要重视经济增长的数量，更要追求经济增长的质量。数量的增长是有限的，而依靠科学技术进步，提高经济活动中的效益和质量，采取科学的经济增长方式才是可持续的。可持续发展的观念认为，世界各国的发展阶段和发展目标可以不同，但发展的本质应当包括改善人类生活质量，提高人类健康水平，创造一个保障人们平等、自由、教育和免受暴力的社会环境。这就是说，在人类可持续发展系统中，经济发展是基础，自然生态（环境）保护是条件，社会进步才是目的。而这三者又是一个相互影响的综合体，只要社会在每一个时间段内都能保持与经济、资源和环境的协调，这个社会就符合可持续发展的要求。显然，在新的世纪里，人类共同追求的目标，是以人为本的自然－经济－社会复合系统的持续、稳定、健康的发展。

## 2.1.3　环境库兹涅茨曲线理论

20 世纪 50 年代，诺贝尔奖获得者西蒙.库兹涅茨研究发现，收入不均现象表明经济增长先升后降，呈倒"U"型曲线关系。20 世纪 90 年代初，美国经济学家 Grossman 和 Krueger,通过对 42 个国家截面数据的分析发现，部分污染物排放总量与经济增长的长期关系也呈倒"U"型曲线，当一个国家经济发展水平较低的时候，环境污染的程度较轻，但是随着人均收入的增加，环境污染由低趋高，环境恶化的程度随之增加，当经济发展到达临界点或称"拐点"以后，人均收入的进一步增加将使得环境污染程度逐渐减缓，人们生活质量得以提高。这种环境质量与人均收入之间的关系称为环境库兹涅茨曲线（EKC）。

### 1. 环境库兹涅茨曲线的含义

对环境质量与人均收入间的关系的理论解释主要从三个方面展开的：经济规模效应、技术效应与结构效应（structure effect）、环境服务的需求与收入的关系、环境污染的政策与规制。

Grossman 和 Krueger 提出经济增长通过规模效应、技术效应与结构效应三种途径影响环境质量：一是规模效应。经济增长一般从两方面对环境质量产生负面影响：一方面经济增长需要增加各种资源的投入，进而增加资源的使用和消耗；另一方面，期望产出中不可避免地要伴随着非期望产出，产出的增加也带来污染排放的增加；二是技术效应。高收入水平与更好的环保技术、高效率技术紧密相连。在一国经济增长过程中，研发支出的增加，推动技术进步，将产生两方面的影响：一是其他条件不变时，技术进步将提高生产率，改善资源的使用效率，降低单位产出的要素投入，削弱生产对自然资源与环境的影响；二是清洁技术不断开发和取代肮脏技术，并有效地循环利用资源，降低了单位产出的污染排放。三是结构效应。随着收入水平的提升，产出结构和投入结构发生变化。在早期阶段，经济结构从农业向能源密集型重工业转变，增加了污染排放，随后经济转向低污染的服务业和知识密集型产业，投入结构变化，单位产出的排放水平下降，环境质量得以改善。规模效应恶化环境，而技术效应和结构效应改善环境。在经济起飞阶段，资源的使用超过了资源的再生，有害废物大量产生，规模效应超过了技术效应和结构效应，环境恶化；当经济发展到更高阶段时，技术效应和结构效应将超过规模效应，环境恶化得以缓解。

从环境服务的需求与收入的关系来看，收入水平低的社会群体很少产生对环境质量的需求，贫穷会加剧环境恶化；收入水平提高后，人们更关注现实和未来的生活环境，产生了对高环境质量的需求，不仅愿意购买环境友好产品，而且不断对政府施加环境保护的压力，并且自身愿意接受严格的环境规制，并带动经济发生结构性变化，减缓环境恶化。

从环境规制的角度来看，伴随收入上升的环境改善，大多来自于环境规制的变革。没有环境规制的强化，环境污染的程度不会下降。随着经济的增长，环境规制在不断加强，有关污染者、污染损害、地方环境质量、排污减让等信息不断健全，促成政府加强地方与社区的环保能力和提升一国的环境质量管理能力。严格的环境规制进一步引起经济结构向低污染转变。

### 2. 环境库兹涅茨曲线适用的局限性

首先，环境-收入理论关系具有多种形态。环境质量与收入间是否只存在倒 U 型一种形态。倒 U 型 EKC 仅是一般化环境-收入关系的一种，不足以说明环境质量与收入水平间的全部关系。研究表明环境-收入理论关系存在七种不同形态。在理论探讨中，如下表达式常用来考察环境与收入间的关系：

$$E_{it} = \alpha + \beta_1 y_{it} + \beta_2 y_{it}^2 + \beta_3 y_{it}^3 + \mu_{it}$$

式中 $E$ 为环境指标，$y$ 指人均收入，$\mu$ 指影响环境变化的其他控制变量；下标 $i$ 代表一个国家或地区，$t$ 指时间；$\alpha$ 是常量，$\beta_k$ 是解释变量的系数。该模型依 $\beta_k$ 的不同而呈现 $y$ 与 $E$ 的不同关系，从理论上说明环境与收入间的关系并非倒 U 型所能代表的：第一，$\beta_1 = \beta_2 = \beta_3 = 0$，收入水平与环境质量之间没有关系；第二，$\beta_1 > 0$，$\beta_2 = \beta_3 = 0$，$y$ 与 $E$ 之间呈单调上升关系，环境随收入上升而恶化；第三，$\beta_1 = \beta_3 = 0$，$y$ 与 $E$ 之间存在单调下降关系，环境随收入增加而改善；第四，$\beta_1 > 0$，$\beta_2 < 0$，$\beta_3 = 0$，$y$ 与 $E$ 之间呈倒 U 型关系，即 EKC；第五，$\beta_1 < 0$，$\beta_2 > 0$，$\beta_3 = 0$，$y$ 与 $E$ 之间呈 U 型关系，收入水平较低阶段，环境随收入上升而改善，收入水平较高阶段，环境随收入上升而恶化；第六，$\beta_1 > 0$，$\beta_2 < 0$，$\beta_3 > 0$，$y$ 与 $E$ 呈 N 型，收入水平不断上升的过程中，环境质量先恶化再改善，又陷入恶化境地；第七，$\beta_1 < 0$，$\beta_2 > 0$，$\beta_3 < 0$，$y$ 与 $E$ 的关系与 N 型相反，伴随收入水平上升，环境质量先改善再恶化，恶化后再改善。

环境与收入理论关系的七种形态中，EKC 仅是其中的一种形态，其倒 U 型不能适用于所有的环境-收入关系。而且 EKC 更多地反映地区性和短期性的环境影响，而非全球性的长期影响。从 EKC 的适用时间长短来看，EKC 即使在考察时间段或较短时期内成立，在长期也可能不成立，会呈现 N 型曲线，即开始显示了倒 U 型，达到特定收入水平后，收入与污染间又呈现同向变动关系，原因在于提高资源利用率的清洁技术被充分利用后，再无潜力可挖，同时减少污染的机会成本提高，收入增加导致污染上升。

其次，EKC 无法揭示存量污染的影响。在污染指标上，污染可分为存量污染与流量污染，流量污染物仅对环境产生影响，存量污染物经一段时间积累后在将来对环境产生影响。两者的区分视考察时间长短而定，二氧化硫、悬浮物、氧化氮、一氧化碳以及一些水污染物等从短期看可作存量污染物，但从长期来看则是流量污染物。典型的存量污染物是城市废物（因为这些废物在处理场所不断积累）和二氧化碳（存在大约 125 年）。流量污染物的控制见效快，存量污染物的削减在短期内则难见成效。现实中政府具有短期行为，仅注重削减流量污染，导致经济增长过程中存量污染物一直上升。因此流量污染在经济增长过程中下降也不能代表所有污染物的改变。此外，EKC 不能适用于所有的环境指标，如土地使用的变化、生物多样性的丧失等。这主要是基于环境退化分为污染与自然资源（土地、森林、草地及矿产资源等）的减少两类，而且一些环境损害很难衡量，特别是土地腐蚀、沙漠化、地下水层的污染与耗竭、生物多样性的损失、酸雨、动植物物种的灭绝、大气变化、核电站风险等。即使一部分环境指标存在 EKC，这部分 EKC 的存在并不能确保延续到将来，即将来收入提高过程中环境并不一定会改善。

最后，EKC 对发达国家与发展中国家间的差异问题解释力不强。有研究者认为如果存在污染与收入间的 EKC 关系，那部分或很大程度上是国际贸易产生的污染产业分配效应。H-O 理论认为发展中国家专门生产其丰裕要素（劳动与自然资源）密集的产品，发达国家专门生产人力资本与物质资本密集的产品，即发展中国家集中生产污染密集型产品和初级产品，而发达国家专门生产清洁产品和服务密集型产品。一些资料表明发达国家污染密集型生产下降的同时，其污染密集型产品的消费并未同幅下降，说明发达国家生产结构的变化与消费结构的变化并非同步，发达国家环境改善和中低等收入国家环境恶化部分反映了这种国际分工。在特定条件下，污染密集型工业从环境标准高的发达国家向环境标准低的发展中国家转移，后者成为"污染避难所"，促成了前者在收入上升过程中改善环境质量。当今的发展中国家在收入提高的过程中，无法如发达国家那样从其他国家进口资源密集型和污染密集型产品，在强化其环境规制时，也无法将污染产业转移出去，将面临严峻的污染挑战，难以在收入水平提高后改善环境。因此，世界范围的污染并非下降了，只是转移了。为此运用 EKC 解释现实时，针对污染结构的变化，避免仅考察单一污染物，应建立污染物指标体系以综合考察所有污染物的变动轨迹；针对发达国家与发展中国家的差异，以发展中国家为重点研究对象，考察发展中国家环境-收入关系的核心影响因子。

## 2.1.4 利益相关者理论

### 1. 利益相关者理论的概念

"利益相关者"一词是用来表示在某一项活动或某企业中"入股"（Have a Stake），在活动实施或企业运营过程中分红的人们。利益相关者理论的早期思想产生于1932年 Dodd 与 Berle 关于公司董事到底是谁的受托人的争论。Dodd 指出，公司董事必须成为真正的受托人，他们不仅要代表股东的利益，而且也要代表其他利益主体的利益，特别是社区整体利益。学术界给出利益相关者的定义是在 20 世纪 60 年代。1963 年，斯坦福研究小组利用"利益相关者"（Stakeholder）一词来表示与企业有密切关系的所有人，将其定义为：对组织来说存在这样一些团体，没有其支持，组织就不可能生存。这个定义对利益相关者界定的依据是某一群体对于企业的生存是否具有重要作用。这个定义使人们弄明白了一个问题，即企业存在的目的并非仅为股东服务，在其周围还存在许多关乎企业生存的利益群体。20世纪80年代以后,对利益相关者的界定方法得到了进一步的发展,1984年,Freeman 在其经典著作《战略管理——一个利益相关者方法》中首次把利益相关者方法应用于战略管理研究，他将利益相关者定义为：任何能够影响组织目标实现的人或自身受到一个组织目标所影响的人。他强调了利益相关主体与组织之间的交互影响关系，也就为利益相关者参与组织管理提供了条件。20 世纪 90 年代之后，利益相关者理论已成为识别和分析一个组织行为影响的既定框架，广泛应用于公司治理、企业治理、政府治理、战略管理等领域，利益相关者分析也成为发展领域甚为流行的分析工具，该理念及其方法对于扶贫研究、可持续发展问题研究、社区资源管理和冲突管理等有重要意义。而利益相关者观点形成一个独立的理论分支则得益于 Rhenman 和 Ansofr 的开创性研究,经 Freeman, Blair, Donaldson, Mitchell, Clarkson 等学者的共同努力,使利益相关者理论形成了比较完善的理论框架,并在实际应用中取得了很好的效果。

根据 Mitchell 等（1997）所归纳的定义来看，利益相关者可以由广义到狭义分为三个层次：第一层次定义最宽泛，认为凡是能够影响组织活动或被组织活动所影响的人或团队都是利益相关者；第二层次定义稍窄，认为与组织有直接相关关系的人或团体才是利益相关者；第三层次定义最窄，认为只有在企业中下了"赌注"的人或团体才是利益相关者。

将利益相关者理论引入到协同推进高水平保护与高质量发展的主体选择问题是非常合适的。陈国权（2005）根据 Mitchell 等的分类方法将利益相关者分为三大类：潜在的利益相关者，包括蛰伏、或有和要求利益相关者，它们都仅具备影响力、合法性和迫切性三个中的一个特点；预期型利益相关者，包括关键、从属和危险利益相关者，它们分别具备影响力、合法性和迫切性三个中的两个特点；权威型利益相关者，同时具备影响力、合法性和迫切性三个特点。对我国来说，权威型利益相关者是最核心的主体，政府就是最直接的上级。Buchanan（1984）曾指出："政治家是受其自身利益引导的，而不是什么国家利益和国家目标的承诺，政府是由个人组成的，而个人在交换制度中是按个人利益行事的。"因此，上级政府为了完成自身的职能目标，往往给下级政府施加压力，而下级政府为了完成上级任务，就会出现政绩工程的短视行为而忽视其他利益相关者的利益。那么，将权威型利益相关者的组成多元化是非常必要的，预期型利益相关者可以通过获得其缺乏的另一个特质而成为权威型利益相关者。

根据 Chen 等（2004）的研究，在环境污染的预防和治理中有三类基本的利益相关者：一是环境产权的所有者（即由各级政府部门代理形式的所有权）、企业（主要的污染制造者）和一般公众（污染制造者和受害者），这些利益相关者形成了复杂的利益关系[1]。在这些利益相关者中，同级政府有着完成各项指标的迫切性、也具有行为的影响力，但是在与其他政府协同治理时却缺乏干预对方的合法性，因此，可以通过契约让政府间的治理变得合法化；企业在环境治理中具有政府赋予的合法性，其行为也具有影响力，但是对利润最大化的追求使得他们缺乏环境治理的迫切性，可以通过政府的激励或惩罚措施让它们的行为具有迫切性；社会公众作为政府的"雇员"，有着对环境治理合法的迫切性，但是需要依赖政府或其他组织来提升其影响力。

在协同推进高水平保护与高质量发展框架中，到底应有多少利益相关者参与其中是合适的呢?钟洪（2007）用数学模型对参与大学治理的利益相关者的合适度进行了描述。本研究将借鉴该方法对环境治理利益相关者合适的数量进行描述。

设协同推进高水平保护与高质量发展可能涉及的利益相关者有 $m$ 类，首先，各级政府作为促进人类进步的社会治理主体是环境治理合约中必不可少的一个权利主体（即 $N=1$），但实践表明，当 $N=1$ 时单位权利主体的收益虽高，但由此有可能引起社会总收益水平的降低。假设参与协同推进高水平保护与高质量发展的主体为 $N$ 时对应的社会总收益是：

$$E_N = \int_0^N (f_1(n)dn - f_2(n)dn)，且 E_1 - E_N < 0(N>1)$$

其中，$f_1$ 为协同推进高水平保护与高质量发展的收益函数，$f_2$ 为协同推进高水平保护与高质量发展的成本函数。当 $N \to \infty$（从理论上说利益主体可增加至无穷多），由于利益主体维数增加导致交易费用不断上升而收益不断下降，使得社会总收益有可能为负值，即：

$$E_N = \int_0^N (f_1(n)dn - f_2(n)dn) < 0$$

从理论上讲，所有对协同推进高水平保护与高质量发展有所贡献的主体，都应参与协同推进高水平保护与高质量发展。然而，现实中高水平保护与高质量发展协同治理系统的交易成本是不可忽视的。根据边际分析法：当参与主体的增加给高水平保护与高质量发展的协同治理带来的收益与所增加的成本相等时，决定了参与主体的最佳维数。

由此可知，协同推进高水平保护与高质量发展过程中 $N=1$ 时，主体太少，难以充分发挥其它主体的积极性，造成社会净福利损失；而当 $N \to \infty$ 时，治理主体又太多，可能会由于交易费用大于治理收益而得不偿失。当 $N=N_1$ 时是理想状态，但目前研究水平的限制，还难以准确计算，缺乏可操作性。结合中国实际，本研究认为协同推进高水平保护与高质量发展主要涉及的利益相关者为政府、企业和公众。

### 2. 利益相关者理论在协同推进高水平保护与高质量发展中的应用

第一，利益相关者理论为界定高水平保护与高质量发展协同治理的内涵提供了基础。从中观层次的利益相关者定义来看，协同推进高水平保护与高质量发展的利益相关者主要包括政府、企业和公众。政府作为环境治理的最重要利益主体，在环境治理活动中为其他利益相关者利益的实现起着掌舵者的作用。而对于政府本身而言，由于政府自身的公共性以及价值目标的多元化，所涉及的利益主体也呈现出多元化的特征，政府履行其职能的过程就是为企业、公众、非政府组织等利益相关者实现利益的过程。根据利益相关者理论的思想，协同推进高水平保护与高质量发展的内涵，实际上是政府通过设计、形成和执行正确的政策引导、控制和规范利益相关者的行为，来实现以更少的能源消耗，更少的排放和更低的污染保证社会可持续发展，实现社会效益最大化。

第二，利益相关者理论为设计高水平保护与高质量发展协同效率评价指标体系提供了理论支持。不同的利益相关主体，由于利益要求不同，对同一评价对象所关注的焦点也不同，进而产生不同的判断结论，因此，高水平保护与高质量发展的协同效率评价，应根据特定利益相关主体的利益特点进行专门或综合的绩效指标设计。由于不同利益主体本身价值目标的多元化，效率评价如果是仅仅考虑某一个利益相关者的需求，显然是不合理的。而对于不同的利益相关者，对不同职能目标所付出的努力程度和产生的效果将有不同的评判标准和结论。对高水平保护与高质量发展的协同推进而言，企业可能更加关注的是促进经济发展的政策而不是环境保护的政策，即"经济发展"维度；社会公众可能更加关注的是控制企业节能减排、加强环境保护的力度，即"环境保护"维度。

## 2.1.5 协同理论

### 1. 协同的基本思想

协同学是德国理论物理学家哈肯于 20 世纪 70 年代初创立的，主要研究开放系统如何由于子系统间的协同作用而产生序参量，序参量之间的协同与合作又如何形成自组织结构的问题。这一过程也是系统由初期的混乱无序状态，通过子系统之间的关系进行耦合，并最终导致系统的整体变化。简单来说，就是使系统实现自组织从一种序状态走向另一种新的序状态，并使系统产生整体作用大于各子系统作用力之和。

协同所解释的是系统中涵盖多个子系统，子系统之间通过相互作用、合作与协调最终共同作用于系统，促进系统的和谐与进步。基本思想是：在一个开放的复合系统内，各个子系统的运动是绝对独立的，在一定的随机条件下，独立运动的子系统会产生系统之间的局部耦合，但在相变发生之前，子系统之间的作用关系较弱，不能促使子系统之间按照有规律的形式移动或者运动，因此，为了实现系统总目标，需要在外界的物质、能量和信息等环境条件的作用下，通过非线性的相互作用彼此合作而产生协同和集体效应,当系统状态进入相变的阈值时,即涨落达到一定的临界点时,各个子系统的独立运动会通过系统之间的关联性促成协同运动,通过自组织而使系统产生新的有序,使旧结构系统发展成为在时间、空间、性质、功能等各方面都发生根本变化的新结构系统,并最终达到一种均衡状态。

"自组织(Self-organization)"的概念自产生以来,不断有学者进行补充和完善。其中,哈肯关于"自组织"的概念得到了广泛认可,他认为自组织产生的动力不仅来源于系统内部各要素之间的竞争,还有一个重要的来源就是协同。竞争与协同促进序参数的产生,并通过序参数的役使原理促进自组织的产生。哈肯解释"自组织"与"被组织"的区别时用了一个通俗的例子:"有一群工人,如果所有工人都是按照工头的命令确定自己的行为方式并有组织地行动,则为被组织;如果工人们是靠相互之间的默契来协同工作,而没有工头的外部命令,这种过程称为自组织。"显然,自组织是系统在没有任何外部指令或外力干预的情况下,依靠系统内部结构和外部自然力的持续协力、子系统之间非线性的相互作用自发地形成一定结构和功能的过程和现象。

环境保护和经济发展的协同推进就是以协同思想为指导,综合运用各种合力促使系统内部各子系统或要素按照协同方式进行整合,相互作用、相互合作和协调而实现一致性和互补性,进而产生支配整个系统发展的序参量。协同推进高水平保护与高质量发展的过程是一个动态的协同治理过程,环境保护与经济发展协同与治理主体的关系、不同阶段的目标、治理对象以及治理过程中的组织框架、协作规则和资源交换都是动态的。在协同推进高水平保护与高质量发展过程中,在协同的作用下,由于子系统之间的紧密联系,原有的子系统边界变得更加模糊。模糊边界有利于协同治理获得更好效果。此外,协同治理的最大特点是其治理主体的多元化。在协同治理下,政府的主导作用和社会各部门多个治理主体的参与是多种治理主体参与的表现。

### 2. 协同理论对处理环境保护与经济发展关系的启示

协同理论中有关自组织和被组织的概念为如何协同推进环境高水平保护和经济高质量发展提供了理论基石。从微观层面来看,协同推进环境高水平保护和经济高质量发展作为一个开放的系统,具有自组织系统的行为特征。首先,参与其中的各治理主体是独立经济或政治利益的行为实体,利益的驱动,使它们之间天然存在着竞争,但个体利益的获取,又是以总体利益为基础的,所以,各治理主体只有协同运作,才能实现整个环境治理效益的提高。其次，层次性非常明显，上层是中央政府，往下是各级地方政府，再往下就是企业和公众。中央政府与各级地方政府之间，各级地方政府与企业和公众之间的相互合作，使得环境治理呈现出网络结构的层次性，这种层次性使环境治理系统变得更加复杂。最后，环境治理系统的各治理主体通过非线性的相互作用，使旧的序结构发展成为更高级别的新序结构。于协同推进环境高水平保护和经济高质量发展而言，有许多个相互独立的经济或政治利益主体，他们在没有任何外界特定干预的情况下，围绕协同推进环境高水平保护和经济高质量发展可以自发地形成一个网络系统，这就是该系统的自组织性。而处在这个系统中的单个治理主体，则是"组织化"了的个体，具有"被组织"性。在初始阶段，系统处于暂时的稳定状态，各治理主体为了"双赢"的共同目标，共同制定计划、实施方案，这个阶段核心治理主体处于主导地位，对其他治理主体具有同化和支配作用。系统运作阶段，一方面要与外界进行各种交换，另一方面系统内各子系统"被组织"的规则也对系统发生作用，最初的"稳定"即被打破。现实中，人们往往会以"被组织"的方式去管理和控制事物。就协同推进环境高水平保护和经济高质量发展而言，难免要受到国家宏观政策、法律法规等"外界特定干预"。无论是自组织形成的总系统，还是由被组织形成的各子系统，都要受制于这些政策和法规。要协同推进环境高水平保护和经济高质量发展，就需要协调好各治理主体，充分发挥各主体的优势。虽然整个自组织模式是各治理主体相互作用选择的模式，或者说各主体应该是协同工作的，但对于具有独立经济或政治利益的每一个治理主体而言，并不意味着该模式是被广泛认同的。因此，对协同推进环境高水平保护和经济高质量发展的主体而言，同样需要以被组织方式逐步对其进行动态调节，使得生态环境和经济发展朝着优化方向发展。

生态环境的恶化，气候问题的凸显，促使国家关注环境保护和经济发展的关系，协同推进环境高水平保护和经济高质量发展。国家从整个社会向更高级别有序发展的角度，不断出台各种政策，包括能源政策、资源环境政策、节能减排政策等以作为国家对协同推进环境高水平保护和经济高质量发展的宏观"被组织"手段。这些"被组织"手段既鼓励协同推进环境高水平保护和经济高质量发展的主体积极参与竞争，又鼓励这些主体间相互合作，使资源得以有效利用、环境得以充分保护，从而在宏观上形成一种协同竞争机制，在这种协同竞争机制的作用下形成一种有序结构。然而，并不是任何有序的结构都是高效或有效的，有些有序结构可能因为过度有序而效率低下。因此，国家所采用的"被组织"手段又是动态的，它将根据社会、经济以及市场的发展变化，不断调整政策体系。在这种协同竞争的大环境下，一方面通过自组织方式达成一种有序结构，既协同又竞争，形成一种创造社会综合效益的巨大活力；另一方面，它又在与外界不断交换信息的过程中，不断形成新的有序、新的协同竞争下的绩效提升过程。

## 2.2　协同推进高水平保护和高质量发展的体系架构

　　人类文明发展实践证明，生态环境作为人类赖以生存的基本条件，或直接或间接对经济发展产生潜在且长远的影响。生态环境的破坏，最终会让人类的生活环境恶化，经济发展受到限制。而经济发展水平也决定着生态环境的质量，有什么样的经济发展水平、经济结构、能源结构，就会有什么样的资源环境状态。正如环境库兹涅茨曲线理论所指出的，当一个国家经济发展水平较低的时候，环境污染的程度较轻，但是随着人均收入的增加，环境污染由低趋高，环境恶化的程度随之增加，当经济发展到达临界点或称"拐点"以后，人均收入的进一步增加将使得环境污染程度逐渐减缓，人们生活质量得以提高。由此，可以清晰地认识到，环境保护与经济发展之间并不相互割裂，而是存在着一种协同发展的关系。本书立足经济发展体系与环境保护体系两大部分的耦合性和协同路径，分别从宏观层面、微观层面和具体操作层面对协同关系进行分析，以构建协同推进环境高水平保护和经济高质量发展的体系架构（图 2.1 所示）。具体来看，协同推进环境高水平保护和经济高质量发展在理念上谋求的是人类社会与自然生态的和谐共处，在目标上谋求的是全社会乃至全人类的可持续发展，在路径上强调多层次、多主体的共同参与。

　　从宏观层面来看，协同推进环境高水平保护和经济高质量发展涵盖两个主要体系，一是环境保护体系，二是经济发展体系。从根本上讲，生态环境保护和经济发展是有机统一、相辅相成的关系。一方面，生态环境保护的成败归根到底取决于经济结构和经济发展方式。高质量发展是实现经济社会发展质量、效率、动力全面提升的发展，在优化地方产业布局、结构与规模的过程中，绿色低碳环保的经济发展方式、节约资源和保护环境的空间格局、产业结构、生产方式、生活方式将加速形成。推动高质量发展需要提供更多优质生态产品，这也对环境保护提出更高要求，需要通过环境治理进程，推动经济发展方式转变、经济结构优化、增长动力转换，充分发挥生态环境保护在供给侧结构性改革、产业结构转型升级方面的积极作用。另一方面，要从根本上改善生态环境状况，必须改变过去依赖增加物质资源消耗、过多依赖规模粗放扩张、过多依赖高能耗高排放产业的发展模式。重视生态环境保护就需要让产业模式更加低碳化，让资源利用更加高效化，让产品供给更加生态化，这必将促进经济发展结构、效率、效益等方面得到大大提升。落实绿色发展理念，就要对传统产业实行清洁生产和循环化改造，淘汰落后产能，淘汰潜在环境风险大、升级改造困难的企业，以绿色发展新动能替代资源环境代价过大的旧动能，推进行业企业加快清洁生产等技术水平的创新提升，加快培育发展高端装备制造、节能环保、新材料、新能源汽车等战略性新兴产业，推动价值链向绿色化转型，向中高端迈进这都将从源头推动产业结构调整与经济效益提升。协同推进环境高水平保护和经济高质量发展可以看作是环境保护和经济发展两大体系理念、目标与路径的耦合结果。因此，在宏观层面，我国协同推进环境高水平保护和经济高质量发展的顶层设计，需要紧紧围绕着环境保护与经济发展这两大系统的基本理念、发展目标与实施路径间耦合性进行设计，既在生态文明体系建设的过程中融入经济高质量发展的支撑，同时也在稳步推进经济发展的过程中提出环境高水平保护的要求。

从微观层面看，协同推进环境高水平保护和经济高质量发展的实践过程，最直观的表现就是社会各领域环境治理能力和经济发展水平的共赢，或者说是协同推进环境高水平保护和经济高质量发展绩效的持续提升。这一绩效的提升可以看作是衡量协同推进环境高水平保护和经济高质量发展成效水平变化的具体指标，包括产业系统、区域系统与社会系统三大子系统中的相关要素，而绩效提升水平或者变化情况则可以从这三大子系统中的各项因素的变化中反映出来。在产业系统内，主要包括以保护环境与资源高效利用为目标的产业转型升级，例如技术创新、高效生产以及资源循环利用。在区域系统内，主要包括对传统生产生活空间和生产生活方式的调整与优化布局，例如农村建设、新型城镇化以及部分重点区域的科学规划布局。在社会系统内，主要包括以参与环境治理为目标的社会组织，例如非政府组织、社会媒体舆论甚至普通民众对于环境治理的参与、监督以及基本诉求的表达。

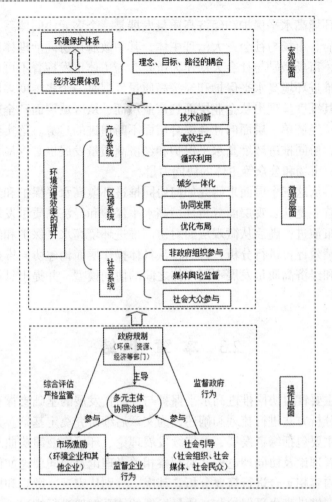

图2.1 协同推进环境高水平保护和经济高质量发展的体系架构

从具体操作层面看，协同推进环境高水平保护和经济高质量发展则是一个由政府规制、市场激励与社会引导三大治理主体组成的多元系统治理体系，各主体互为支撑、相互约束，共同服务环境高水平保护和经济高质量发展实践。在操作层面，不论是宏观层面环境、经济两大系统的协同发展，还是微观层面协同推进环境高水平保护和经济高质量发展绩效持续提升的具体表现，最终都必须落实到特定的实施主体之上。因此，从具体操作层面来看，协同推进环境高水平保护和经济高质量发展本质上是一个由多主体共同参与，采用综合手段协同治理的公共事务体系，是对传统意义上负责经济发展部门与环境保护部门相关职责的融合、交叉与进一步优化。

协同推进环境高水平保护和经济高质量发展是一个多元协同体系，其中主要包含政府、市场与社会三大治理主体，其中政府在协同治理体系中占有主导地位，市场激励与社会大众作为重要参与主体也发挥着不可或缺的作用。协同推进环境高水平保护和经济高质量发展是一个多维度多层次的体系架构，其维度呈现出从企业层面到产业层面、从区域层面到全局层面以及从生态、经济单一层面向社会综合层面不断递进的趋势。落实到具体实施方法上，协同推进环境高水平保护和经济高质量发展也必将最大限度地发挥政府、市场和公众等主体的协同力量。

本书将从这三个层面来研究如何协同推进环境高水平保护和经济高质量发展，首先是从宏观层面分析环境高水平保护和经济高质量发展之间的关系和政策演进；随后从微观层面对协同推进环境高水平保护和经济高质量发展的绩效评价进行分析；最后，从具体操作层面构建协同推进环境高水平保护和经济高质量发展不同主体之间的协同模型，并提出具体的对策建议。

## 2.3　本 章 小 结

本章主要针对协同推进高水平保护与高质量发展的基础支撑理论、体系框架、分析方法进行梳理和阐述，为文章后续研究奠定基础。其中基础支撑理论主要包括绿色发展、可持续发展理论、环境库兹涅茨曲线理论、利益相关者理论及协同理论；并对利益相关者理论及协同理论如何与本书所研究的内容相契合进行简要分析。其次，分别从宏观、微观和操作三个层面对协同推进高水平保护与高质量发展的体系框架进行描述，宏观层面主要包括协同推进环境高水平保护和经济高质量发展理念所涵盖的环境保护和经济发展两个主要体系理念、目标与路径的耦合结果；微观层面，把协同推进环境高水平保护和经济高质量发展绩效的提升看作衡量绿色发展水平变化的指标，主要包括产业系统、区域系统与社会系统三大子系统内各项因素的影响变化；具体操作层面，协同推进环境高水平保护和经济高质量发展是一个由政府规制、市场激励与社会引导三大治理主体组成的多元协同体系。本书将从这三个层面来研究如何协同推进环境高水平保护和经济高质量发展。

# 第3章 协同推进高水平保护与高质量发展的政策演进

环境保护和经济发展之间的矛盾是伴随着环境生态承载力及生态系统失衡现象凸显而不断显现的，对于环境保护和经济发展关系的认知也是一个逐渐积累、发展和提升的过程，解决生态环境保护与经济发展之间的矛盾，需要根据特定时期特定资源环境和特定社会经济问题，制定相应的政策。改革开放以来，我国从最初环境污染末端治理到现在坚持绿色发展，经历了对环境保护和经济发展关系认识的不同阶段，相应的政策目标、政策工具、立法体系也随之调整，逐步形成了协同推进高质量发展和高水平保护的政策体系。基于以往学者的研究基础，结合我国不同发展阶段对环境保护和经济发展关系以及发展理念的认识，本文把改革开放以来我国推进高水平保护与高质量发展相关政策的演变分为以下三个阶段：第一个阶段（1978—1992 年）是我国环境与经济协同发展理念的形成阶段，也是环境相关政策的起步阶段。第二个阶段（1992—2012 年）是我国环境与经济协同发展加速推进阶段，也是环境相关政策的完善阶段。第三个阶段（2012年—至今）是我国协同推进高水平保护与高质量发展政策体系走向成熟的阶段。

本章共分为 5 节，第 1 节介绍了从改革开放到 1992 年南行讲话期间我国环境保护理念形成阶段的政策演进；第 2 节介绍了 1992 年到 2012 年期间我国环境与经济协同发展理念不断深入阶段的政策演进；第 3 节介绍了党的十八大以来"绿色发展理念"深化阶段的政策演进；第 4 节对我国环境与经济协同发展政策演进的特征和启示进行分析；第 5 节是本章小结。

## 3.1 第一阶段：政策体系雏形

### 3.1.1 我国环境保护观念的形成

我国关于关于换届保护与经济发展相协同的探索，起步于恢复联合国席位后于 1972 年参加的联合国第一次人类环境会议。改革开放是我国认识环境保护与经济发展关系的重要拐点。改革开放以前，由于我国经济发展水平低，群众生产生活处于水深火热之中，对于环境保护还未形成社会共识。改革开放以后，我国将工作重心转向经济建设，工业化、城镇化的不断深入发展，经济开始逐渐步入高速发展阶段。20 世纪 80 年代，我国经济发展速度虽达到年均近 10%，但经济基础薄弱、体量小，全社会发展经济、脱离贫困的压力较大，国民经济"六五"期间的基本任务是解决过去遗留下来的阻碍经济发展的各种问题，取得财政经济根本好转的决定性胜利，"七五"期间的主要任务是为经济体制改革创造良好的经济环境和社会环境，保持经济的持续稳定增长，在发展生产和提高经济效益的基础上继续改善城乡人民生活。伴随着大规模的工业建设以及快速的经济发展，资源能源供应短缺、环境污染问题开始暴露。全面保障经济生产和人民生活所需资源能源需求面临挑战，人均能源消耗量由 1980 年的 609.8 千克油当量增加到 1989 年的 724.4 千克油当量，增长了 17%；煤炭消费量由 1980 年的 6.1 亿吨提高到 1990 年的 10.6 亿吨，增长了 73%。局部性环境污染的弱危害性开始显现，《中国环境状况公报（1989）》显示，1989 年我国大气环境总体是好的，污染主要集中在大中城市。城市大气污染为煤烟型污染，主要污染物是烟尘和二氧化硫。1989 年烟尘排放量为 1398 万吨，二氧化硫排放量为 1564 万吨。我国大江大河水质基本良好，流经城市的河段污染较重，水体污染主要来自工业废水，主要污染物是氨氮。生态环境方面，20 世纪 80 年代末期我国森林覆盖率为 12.98%，截至 1988 年底，"三北"防护林工程完成人工造林 920 万公顷，飞播造林 24 万公顷，封山育林 228 万公顷。草地退化速度每年约 130 万公顷，草场产草量比 50 年代下降了 30%~50%。全国耕地面积 9572 万公顷，共有 600 多万公顷农田被工业"三废"所污染。《1992 年中国环境状况公报》数据显示，1990 年，我国部分大中型城市空气污染已经较为严重，一些中小城市相关指标也呈现出恶化趋势。据统计，仅 1990 年当年，全国发生的与污染环境相关事故就超过三千起，其中关于水资源污染、噪声污染、工业固体废物等其他污染源所造成的污染均呈现出加重的趋势。正是在资源环境问题日益显现且危害性不断增加的情况下，转变经济发展方式、实现经济和生态环境和谐，提高经济社会发展的可持续性，逐渐成为社会共识，标志着我国环境保护理念开始形成，也成为我国公共政策领域的焦点问题。

## 3.1.2　环境政策体系逐步形成

1978 年，我国《宪法》第十一条规定"国家保护环境和自然资源，防治污染和其他公害"，这是新中国成立以来首次以根本大法的形式对环境保护作出规定。保护环境的问题，正式成为现代化发展中必须面对的问题，环境保护政策也成为公共政策体系的重要内容。我国在努力实现社会总需求和总供给基本平衡的同时，将资源节约和生态环境保护纳入国家经济社会发展战略。1978 年 12 月，党的十一届三中全会决定把党和国家的工作重点转移到社会主义现代化建设上来，全面实行改革开放，这一历史性伟大转折推动了我国包括资源环境保护、经济建设在内的各项事业快速发展。在第六个五年计划中首次纳入环境保护的内容，并在"六五"和"七五"两个五年计划对能源节约、水资源利用、林业建设、国土开发和整治、环境保护等领域都提出了工作目标和定量指标（表 3.1 所示）。1983 年 12 月31 日，第二次全国环境保护会上宣布"保护环境是我国必须长期坚持的一项基本国策"。这一战略举措有力地引导了社会和公众的价值观、发展观，增强了全民节约资源、保护环境的意识。为深入贯彻环境保护基本国策，1983 年第二次全国环境保护会议提出了"三同步"和"三统一"的环境与发展的战略方针，即经济建设、城乡建设、环境建设要同步规划、同步实施、同步发展，实现经济效益、社会效益、环境效益相统一，形成了以"预防为主、防治结合""强化环境管理"为主的政策体系。这一阶段，我国污染控制主要集中在遏制新污染的产生及工业"三废"的处理，对自然资源也主要是通过加大开发力度来实现供需平衡，自然资源保护的生态环境修复并没有得到足够重视。

表3.1　"六五"和"七五"计划中资源环境类定量指标

| 领域 | "六五"计划 | "七五"计划 |
|---|---|---|
| 能源节约 | 总量控制：全国节约和少用能源要求达到 7000 万~9000 万吨标准煤。<br>强度控制：每亿元工业总产值消耗的能源年均节能率为 2.6%~3.5%。<br>行业控制：机械工业系统重点企业的钢材利用率提高 3%。<br>农村能源：推广省柴、省煤的炉灶 2500 万个；发展 350 万个新的沼气池；发展农村小水电；搞好太阳能、风能以及地热的利用。 | 总量控制：全国共节约和少用能源 1 亿吨标准煤。<br>强度控制：每万元国民收入消耗的能源，由 1985 年的 12.9 吨标准煤下降到 1990 年的11.4 吨标准煤。 |

续表

| 领域 | "六五"计划 | "七五"计划 |
|------|-----------|-----------|
| 林业建设 | 造林规模：全国造林 1933.33 万公顷。<br>造林质量：造林保存率提高到 60% 以上。 | 造林规模：造林 2770 万公顷。<br>森林覆盖率：由 1985 年的 12% 提高到 1990 年的 14%。 |
| 环境保护 | 无 | 工业主要污染物有 50%~70% 达到国家规定的排放标准。 |

参考资料：王海芹，高世楫. 我国绿色发展萌芽, 起步与政策演进：若干阶段性特征观察[J].改革, 2016（03）: 6-26.

从立法角度来看，这一阶段我国生态环境保护逐渐走上法制之路，是我国生态环境保护立法快速发展的第一个黄金时期。1979 年 9 月第五届全国人大常委会第十一次会议原则通过了《环境保护法（试行）》，这是我国第一部有关环境保护的专门法律。我国 1982 年《宪法》在原有条款基础上，增加了国家改善生活环境和生态环境、保障自然资源合理利用、加强植树造林和保护林木等规定，为我国建立专业化的资源节约和环境保护体系奠定了立法依据。从 1981 年到 1990 年，我国共制定了包括《森林法》（1984 年）、《草原法》（1985 年）、《渔业法》（1986 年）、《矿产资源法》（1986 年）、《土地管理法》（1986 年）、《水法》（1988 年）在内的 6 部自然资源法律，开始逐步在资源开发利用中注重资源保护；环境保护各单项专业立法也全面展开，依次制定了《海洋环境保护法》（1982 年）、《水污染防治法》（1984 年）、《大气污染防治法》（1987 年），还启动了噪声污染防治立法工作，1989 年国务院通过《环境噪声污染防治条例》，尤其是 1989 年 12 月通过了修订后的《环境保护法》，我国环境法制进入了新阶段；自然生态环境保护立法方面，1987 年出台的《中国自然保护纲要》，是我国第一部系统地在自然环境保护方面具有宏观指导作用的纲领性文件；1989 年出台了《自然保护区建设指南与管理规范》，并颁布了《野生动物保护法》（1988 年）；国土空间开发与管理工作开始起步，1988 年我国颁布了《城市规划法》，对合理利用城市土地、协调城市空间布局和各项建设进行是综合部署。此外，国务院及各相关部门也颁布了一系列有关加强自然资源节约和环境保护的一系列行政法规和规范性文件。据统计，到 1991 年，全国共颁布 12 部环境法律，20 多部有关环境保护的行政法规，20 多个部门规章，并配套出台了大量地方法规。

从政策手段来看，这一阶段主要依靠命令控制型手段实现政策目标，

比如，通过制定节能量目标、植树造林目标，下达指标任务等方式实现环
境目标。1988 年《水法》确立了取水许可制度。林业资源管理实施林木采
伐许可证和年森林采伐限额制度。环境污染防治领域建立了"八项制度"，
包括建设项目环境影响评价制度、"三同时"制度、排污收费制度、环境
保护目标责任制、城市环境综合整治定量考核制度、排放污染物许可证制
度、污染集中控制制度、污染源限期治理制度等等。同时，部分地方开始
探索基于市场机制的资源环境经济政策手段，比如，一些地方开始试行水
污染物排放指标的有偿转让，自然资源管理领域采用了耕地占用税、城镇
土地使用税等制度。而从具体政策目标来看，这一时期的环境政策主要目
标还是集中于保障一二三产业的持续高速发展，提升我国的经济实力和民
众生活水平，而并不以改善生态环境为最终目的。

## 3.2　第二阶段：政策体系完善

### 3.2.1　我国环境与经济协同发展理念日益深化

以 1992 年南行讲话和党的十四大为时间节点，我国改革开放和社会主
义现代化建设进入了新的发展阶段。在 1992-2012 年期间，工业化、现代
化、科技化水平持续提升，综合国力进一步增强，商品短缺状况基本结束，
经济运行质量和效益提高，工业结构调整取得积极进展，信息产业等高新
技术产业迅速成长，发展方式转变取得一定进展。然而，不可否认的是，
高速工业化进程导致环境污染问题日益严重，我国所面临的环境治理危机
进一步突显，经济发展速度依然大大超过了我国生态系统的承载力，污染
损失呈指数型增长，生态环境的持续恶化与污染事件持续出现。尤其是 20
世纪 90 年代末期，全国依然面临相当严峻的环境形势。环境污染和生态破
坏占 GDP 的损失较大，1998 年我国发生了洪水、赤潮、沙尘暴等自然灾害，
这是我国生态系统遭受长期破坏的集中体现，1999 年我国大部分草地已经
或正在退化，中度退化程度以上的草地达 1.3 亿公顷，全国沙化土地占国土
面积的 17.6%，生态恶化加剧的趋势尚未得到有效遏制，部分地区生态破坏
的程度还在加剧。世界银行研究成果显示，1995 年中国环境污染损失占 GDP
的 7.7%；中国环境与发展国际合作委员会研究结果显示，1999 年中国环境
污染损失占 GDP 的 9.7%。1999 年我国大气环境污染仍以煤烟型为主，主

要污染物为总悬浮颗粒物和二氧化硫。酸雨面积占国土面积的 30%。主要河流有机污染普遍，面源污染日益突出。主要湖泊富营养化严重，近岸海域海水污染严重，近海环境状况总体较差。生态环境的持续恶化引起了党和政府的高度重视，在国民经济第八个五年计划和第九个五年计划中增加了资源节约和环境保护的内容，并且进一步增多了相关任务和指标（表 3.2 所示）。

表3.2　"八五""九五"计划中资源环境类定量指标

| 领域 | "八五"计划 | "九五"计划 |
|------|-----------|-----------|
| 能源节约 | 单位 GDP 能耗：每万元国民生产总值消耗的能源，由 1990 年的 9.3 吨标准煤下降到 1995 年的 8.5 吨，平均每年节能率为 2.2%。<br>产品能耗：大中型企业主导产品的能源、原材料单耗，要达到国际同行业 80 年代初的平均先进水平。<br>节能量：五年内，全国共节约和少用能源 1 亿吨标准煤。 | 单位 GDP 能耗：由 1995 年的 2.2 吨标准煤下降到 2000 年的 1.7 吨标准煤，年均节能率 5%。<br>行业节能目标：吨钢综合能耗力争降到 1.45 吨标准煤以下，综合成材率达到 88%，钢铁渣综合利用率达到 85%。 |
| 林业建设 | 造林规模：造林 0.25 亿公顷。<br>森林覆盖率：由 12.9%提高到 14%左右。 | 森林覆盖率：达到 15.5%。 |
| 环境保护 | 烟尘排放量控制在 1400 万吨。<br>工业粉尘排放量控制在 700 万吨。<br>工业废气处理率达到 74%。<br>工业固体废物综合利用率达到 33%。 | 县及县以上工业废水处理率达到 83%，废气处理率达 86%，固体废物综合利用率达 50%。<br>城市污水集中处理率达到 25%，绿化覆盖率达 27%，垃圾无害化处理率达 50%，城市区域环境噪声达标率提高 5~10 个百分点。 |

　　进入 21 世纪，我国以科学发展发展观统领经济社会发展全局，综合国力和人民生活水平有了明显提升，市场经济体制基本确立，总体进入上中等收入国家水平。2010 年国内生产总值达到 39.8 万亿元，跃居世界第二位；GDP 年均增长率达到 10.5%；产业结构优化升级取得积极进；单位 GDP 能源消耗继续下降，节能减排和转变经济发展方式都取得了积极进展。然而，

环境问题依然突出，环境污染排放居高不下，环境污染损失加大，能源行业面临保障供给、提高效率、降低污染等多重压力。从 2002 年下半年起，我国进入了新一轮重化工扩张阶段，各地纷纷投资钢铁、水泥、化工、煤电等高耗能、高排放项目，给资源环境带来巨大压力。21 世纪头 10 年，我国能源消费年均增长 9.5%，是改革开放以来能源消费增长最快的时期。污染排放快速增加，2001~2010 年我国二氧化碳年均增速 9.4%，是改革开放之后增速最快时期。2010 年我国二氧化碳排放 83 亿吨，是 2001 年的 2.4 倍。2001~2010 年，我国废水、工业废气、工业固体废物产生量继续增加，年均增速分别为 4%、14%、12%。主要污染物排放量仍较大。二氧化硫在 2006 年达到历史高位后，开始缓慢下降；化学需氧量排放量减少；氮氧化物、氨氮排放量快速增加。从环境治理来看，年度变化不大，总体恶化程度有所减轻，突发环境事件数量锐减，但环境污染的经济损失较之前明显提高。世界银行研究成果显示，2003 年中国环境污染损失占 GDP 的 5.8%。石敏俊等（2015）的研究成果显示，2005~2010 年，中国经济增长的资源环境成本占 GDP 的比重从 13.5%下降到 12.3%，尽管占比减少，但按可比价计算的环境污染损失在增加。环境保护问题的集中爆发，严重制约着我国经济持续健康发展，也使得党和政府执政施政面临严峻考验。至此，人们已经普遍认识到环境保护和经济发展协同的重要性，环境与经济协同发展的理念已深入人心。

## 3.2.1　环境政策体系持续完善

　　1992 年到 2012 年间，国务院相继召开 4 次全国环境保护会议贯彻落实党和国家的环境保护政策、思想。从提出"保护环境的实质就是保护生产力"的著名论断，到最后强调"环境是重要的发展资源""坚持在发展中保护，在保护中发展"，标志着党和政府关于环境与经济协同发展理念在方法论意义上的重大突破。党的十四大将生态保护列为全党今后工作的重要内容，并在报告中着重强调"加强环境保护""努力改善生态环境"，在全党全社会产生了重要影响。1992 年联合国环境与发展大会通过《21 世纪议程》后，党中央、国务院批准了《中国环境与发展十大对策》，包括：实现持续发展战略；防治工业污染；开展环境综合整治，治理城市"四害"；提高能源利用效率，改善能源结构；推广生态农业，坚持不懈地植树造林，加强生物多样性保护；加强环境科学研究，积极发展环保产业；运用经济手段保护环境；加强环境教育；健全环境法制，强化环境管理；参照联合国环境与发展大会精神，制定中国的行动计划。我国于 1994 年通过了《中国 21 世纪议程》，将可持续发展原则贯穿于我国经济、社会、资源合理利用、环境保护等诸多领域。1995 年，党的十四届五中全会确定了要实行"两个根本性转变"，其中之一就是经济增长方式从粗放型向集约型转变。实现经济增长方式的根本性转变，体现了新时期经济增长的内在要求，也是实现可持续发展的必然选择。并把"经济建设和人口、资源、环境的关系"作为社会主义现代化建设中需要正确处理的 12 个重大关系之一。同时全会还提出，到 2000 年，力争使环境污染和生态环境破坏加剧的趋势得到基本控制，部分城市和地区的环境质量有所改善。

从立法角度来看，20 世纪 90 年代我国紧紧围绕实施可持续发展战略，资源环境立法修法密集展开。自然资源领域新制定了五部资源环境相关法律，包括《水土保持法》（1991 年）、《矿山安全法》（1992 年）、《煤炭法》（1996 年）、《电力法》（1995 年）、《节约能源法》（1997 年）；修订了《森林法》（1998 年修订）、《土地管理法》（1998 年修订）、《矿产资源法》（1996 年修订）三部法律。环境污染防治立法修法继续推进，新颁布了《固体废弃物污染环境防治法》（1995 年）、《噪声污染防治法》（1996 年），环境污染防治要素进一步扩大。同期，修订了《大气污染防治法》（1995 年修订）和《海洋环境保护法》（1999 年），修正了《水污染防治法》。在这一阶段，我国开始注重源头防止污染的产生以及重视资源综合利用工作，相继颁布了一系列国务院规范性文件和部门规章，包括《关于加强再生资源回收利用管理工作的通知》（1991 年）、《资源综合利用名录》（1996 年）、《关于进一步开展资源综合利用意见》（1996 年）、《资源综合利用认定管理办法》（1998 年）、《建设项目环境保护管理条例》（1998 年）等。这反映当时我国资源节约和环境保护工作开始从末端向全生产过程延伸，资源环境优化经济发展方式开始逐步从理念变成现实。生态环境建设相关的管理规章加速建立。1994 年国家颁布了《自然保护区条例》，自然保护区建设工作步入正轨。《全国生态环境建设规划》对天然林等自然资源保护、植树种草、水土保持、防治荒漠化、草原建设、生态农业等提出了建设任务，启动了天然林保护工程。此外，《国务院关于保护森林资源制止毁林开垦和乱占林地的通知》（1998 年）、《中共中央关于农业和农村工作若干重大问题的决定》（1998 年）、《中共中央关于灾后重建、整治江湖、兴修水利的若干意见》（1998 年）等中央文件都对保护全国自然环境提出了明确任务。至此，我国资源环境法律体系基本形成。

21世纪头10年,随着经济建设和城镇化的持续推进,原有法律越来越不适应新形势新要求。党中央逐渐开始认真审视和调整资源环境政策,首次将节能减排作为约束性指标纳入国民经济发展规划。"十五"计划中提出国民经济和社会发展的指导方针之一是"坚持经济和社会协调发展""高度重视人口、资源、生态和环境问题",并制定了包括森林覆盖率、城市建成区绿化率、主要污染物排放总量削减等预期定量目标。从"十一五"期间起,我国开始把节能减排作为经济社会发展的约束性目标,提出了6个约束性指标和2个预期性指标(表3.3所示)。党的十五大、十六大报告相继提出"促进人和自然的协调和谐""坚持实施可持续发展战略""努力开创生产发展,生活富裕和生态良好的文明发展道路""坚持全面协调可持续发展""加强能源资源节约和生态环境保护,增强可持续发展能力",这些理念也促进了我国环境治理政策体系的日趋完善。2003年10月党的十六届三中全会提出了科学发展观,要求"坚持以人为本,树立全面、协调、可持续的发展观,促进经济社会和人的全面发展",坚持"统筹城乡发展、统筹区域发展、统筹经济社会发展、统筹人与自然和谐发展、统筹国内发展和对外开放"。这是党的执政理念的重要升华。2003年中央人口资源环境工作座谈会上提出"要加快转变经济增长方式,将循环经济的发展理念贯彻到区域经济发展、城乡建设和产品生产中,使资源得以最有效利用"。发展循环经济战略决策的提出,意味着我国开始用发展来解决环境问题。2005年党的十六届五中全会提出"要加快建设资源节约型、环境友好型社会"。2007年党的十七大报告提出"要加快转变经济发展方式",并首次提出建设生态文明。

表3.3　"十五"计划和"十一五"规划中资源环境类定量指标

| 领域 | "十五"计划 | "十一五"规划 |
|---|---|---|
| 资源节约 | 灌溉用水有效利用系数达到0.45。<br>工业用水重复利用率达到60%。 | 单位国内生产总值能源消耗降低率20%(约束性)。<br>单位工业增加值用水量降低30%(约束性)。<br>农业灌溉用水有效利用系数提高到0.5(预期性)。<br>耕地保有量不减少(约束性)。 |
| 生态建设 | 森林覆盖率提高到18.2%。<br>城市建成区绿化覆盖率提高到35%。<br>新增治理水土流失面积2500万公顷。<br>治理"三化"草地面积1650万公顷。 | 森林覆盖率提高到20%(约束性)。 |

续表

| 领域 | "十五"计划 | "十一五"规划 |
|------|-----------|-------------|
| 环境治理 | 城市污水集中处理率达到45%。<br>主要污染物排放总量比2000年减少10%。<br>"两控区"二氧化硫排放量比2000年减少20%。 | 二氧化硫排放总量减少10%（约束性）。<br>化学需氧量排放总量减少10%（约束性）。<br>工业固体废物综合利用率提高到60%（预期性）。 |

2000~2010年，我国资源环境立法修法进入新一轮密集期。这一时期，发展循环经济和清洁生产逐渐成了环境保护和经济发展的主要手段，鉴于此，我国先后制定了《清洁生产促进法》（2003年）和《循环经济促进法》（2008年），标志着我国开始用发展的方式来解决环境问题，环境保护与经济发展不再是对立的关系。在自然资源能源领域，为增加能源供应、改善能源结构、保障能源安全和保护环境，我国颁布了《可再生能源法》（2005年）。为加强建筑、交通运输、公共机构等领域的节能工作，修订了《节约能源法》（2008年修订）。同时修订了《草原法》（2002年修订）、《水法》（2002年修订）、《土地管理法》（2004年修订）、《渔业法》（2004年修订）。新制定了《海域使用管理法》（2001年）。在环境保护领域，颁布了《环境影响评价法》（2003年）、《放射性污染防治法》（2003年）、《突发事件应对法》（2007年）；修订了《大气污染防治法》（2000年第二次修订）、《固体废物污染环境防治法》（2004年修订））、《水污染防治法》（2008年修订）。在生态建设领域，为预防土地沙化、治理沙化土地、维护生态安全，我国制定了《防沙治沙法》（2002年）；修订了《野生动物保护法》（2004年修订）。为了加强城乡规划管理，协调城乡空间布局，改善人居环境，促进城乡经济社会全面协调可持续发展，我国制定了《城乡规划法》（2007年），制定和实施城乡规划，要遵循城乡统筹、合理布局、节约土地、集约发展和先规划后建设的原则，改善生态环境，促进资源、能源节约和综合利用，防止污染和其他公害。此外，国务院颁布了《排污费征收使用管理条例》（2002年）、《危险化学品安全管理条例》（2002年）、《退耕还林条例》（2002年）、《医疗废物管理条例》（2003年）等。与此同时，为满足日益严格的资源节约、环境污染防治以及生态修复的管理要求，我国生态环境监测体系也得到了快速发展。《中华人民共和国政府信息公开条例》规定县级以上各级人民政府及其部门应当主动公开环境保护的情况，环保等与人民群众利益密切相关的公共企事业单位在提供社会公共服务过程中制作、获取的信息的公开，参照《中华人民共和国政府信息公开条例》执行。"十一五"期间，

为确保我国节能减排目标的实现，国务院发布了《节能减排统计监测及考核实施方案和办法》，对做好各项能源和污染物指标统计、监测并按时报送数据做出了详细规定。在资源能源领域，国土资源部发布了《矿产资源登记统计管理办法》（2003 年），加强对矿产资源储量登记和矿产资源统计的管理。为了加强环境管理，国家环境保护总局发布了《环境监测管理办法》（2007 年），对环境质量监测、污染源监督性监测、突发环境事件应急监测等活动进行规范管理。为了加强对污染源自动监测的管理，陆续发布了关于污染源自动监控管理的相关规章制度。环境保护主管部门在全国开展了城市空气、酸雨、地表水、声环境、饮用水、近岸海域、生态环境等环境质量监测，开展全国主要污染物总量减排监测并对自动监测数据质量加强了管理，同时开展了重金属监测。在生态环境建设领域，对区域生态质量状况、自然保护区、生态功能区等开展了环境卫星遥感监测。

从政策手段来看，这一阶段，多种政策工具协调发展，命令控制型手段继续发展，自然资源和环境容量的总量交易机制开展示范，问责追责机制有了法律保障。林业资源管理严格执行森林采伐限额和木材凭证运输制度，国家实行全民义务植树制度。《国民经济和社会发展"九五"计划和2010 年远景目标纲要》提出"创造条件实施污染物排放总量控制"。此后，我国又将排污许可证制度作为总量控制制度实施的法律形式和手段。排污收费制度继续发展，国家出台了相应配套政策。资源税、矿产资源补偿费、探矿权采矿权转让等制度得以实施，水排污权、大气排污权交易试点工作开展。《中国 21 世纪议程》为建立我国的公众参与机制制定了全面系统的目标、政策和行动方案。此后《全国环境保护纲要（1998~2002）》等文件完善了公众参与制度。我国《刑法》（1997 年修订）专门规定了破坏环境资源保护罪。矿产资源管理的行政问责机制得以建立。

## 3.3　第三阶段：政策体系成熟

### 3.3.1　我国"绿色发展理念"日臻完善

党的十八大以来，我国经济发展进入结构调整、动力转换的新阶段，传统动力弱化，新动力尚在孕育，我国经济处在转型再平衡的关键时期。资源环境问题得到大幅改善，但区域性和流域性环境污染严重问题依然存在，能源清洁化和低碳化转型仍然面临压力，生态系统退化日益严重，荒漠化、水土流失、自然灾害问题突出，生态环境风险持续加大。主要污染物排放高位趋缓，全面改善生态环境质量面临较大压力。大气、水、土壤环境污染形势严峻。污染类型由煤烟型转变为复合型。除工业污染外，生活污染、交通、建筑等领域的能源消耗和污染排放加大。化解燃煤火电产能过剩、提高非化石能源比重、降低二氧化碳排放成为这个阶段关注的主要问题。新一届中央领导集体在绿色发展道路上进行了更深入的研究和探索，提出了一些新理论，并着手推动了一些新实践。继"十二五"规划纲要提出树立绿色、低碳发展理念，"十三五"规划建议又提出"牢固树立创新、协调、绿色、开放、共享的发展理念"，表明我国"绿色发展"理念继续提升。党的十八届五中全会正式将"绿色发展理念"确定为我国未来发展必须遵循的五大发展理念之一，绿色发展在国家发展战略中的地位凸显，坚定地表明了党和政府对于环境污染问题的关注和环境治理的决心，为环境治理的进一步深入践行提供了坚实支撑，我国绿色发展进入快速推进期。

### 3.3.2　环境政策体系走向成熟

生态文明建设在党的十八大中正式被纳入中国特色社会主义事业建设五位一体的整体规划布局中。党的十八届三中全会通过《中共中央关于全面深化改革若干重大问题的决定》（以下简称《决定》），提出以建设中国深化生态文明体制改革为中心，加快生态文明制度建设的进程，完善国土资源、空间的开发、利用以及生态环境保护的体制机制，加快建设现代化人与自然和谐发展的新格局。我国生态文明建设进程受到以习近平为总书记的党中央的高度重视，在《决定》中，党中央对生态文明建设提出了新论断、新要求，补充了新思想，充分体现了党中央为走向社会主义生态文明新时代、建设美丽新中国团结各族人民做出的巨大努力，通过不断奋斗建成全面小康社会，取得建设中国特色社会主义的新胜利，最终实现中华民族伟大复兴的中国梦。

2012 年，党的十八大明确"五位一体"的总体布局，提出"要把生态文明建设放在突出地位，融入经济建设、政治建设、文化建设、社会建设各方面和全过程，努力建设美丽中国，实现中华民族永续发展。"将"大力推进生态文明建设"作为战略决策的重要内容，从十个方面为生态文明建设提供了改进的方向。在生态系统退化、环境污染严重、资源约束趋紧的发展趋势下，必须树立生态文明的理念，要尊重自然、环境和生态，并将生态文明建设融入中国特色社会主义建设的发展进程中。党的十八届三中全会通过《中共中央关于全面深化改革若干重大问题的决定》，明确提出建设生态文明必须建立系统完整的生态文明制度体系，用制度保护生态环境。党的十八届四中全会通过《中共中央关于全面推进依法治国若干重大问题的决定》，提出要加强生态文明建设领域的重点立法，坚持用严格的法律制度保护生态环境。在"十三五"规划中明确指出，"十三五"期间我国生态环境质量总体改善，生产方式和生活方式绿色、低碳水平上升。能源资源开发利用效率大幅提高，能源和水资源消耗、建设用地、碳排放总量得到有效控制，主要污染物排放总量大幅减少。主体功能区布局和生态安全屏障基本形成，并明确提出了"十三五"期间资源环境领域的 16 个约束性指标（表 3.4 所示）。2018 年 3 月，由环境保护部及相关职能部门整合组建的生态环境部正式成立，并将在今后统一行使生态保护和城乡各类污染排放监管与行政执法职责，国家环境治理的行政执行力得到了进一步加强。我国绿色发展步伐加快，绿色发展的政策体系日臻完善。

表3.4　"十二五""十三五"规划中资源环境类定量指标

| 领域 | "十二五"规划 | "十三五"规划 |
|---|---|---|
| 资源能源节约与结构优化 | 耕地保有量保持在 1.21 亿公顷<br>单位工业增加值用水量降低 30%<br>农业灌溉用水有效利用系数提高到 0.53<br>非化石能源占一次能源消费比重达到 11.4%<br>单位国内生产总值能源消耗降低率达 16%<br>单位国内生产总值二氧化碳排放降低率达 17% | 耕地保有量保持在 1.24 亿公顷<br>新增建设用地规模少于 3256 万亩<br>万元 GDP 用水量下降 23%<br>单位 GDP 能源消耗降低 15%<br>非化石能源占一次能源消费比重由12%提高到15%<br>单位 GDP 二氧化碳排放降低 18% |
| 环境治理 | 化学需氧量减少 8%<br>二氧化硫排放减少 8%<br>氨氮排放减少 10%<br>氮氧化物排放减少 10% | 地级及以上城市空气质量优良天数比率由76.7%提高到80%以上细颗粒物（PM2.5）未达标地级及以上城市浓度下降18%<br>达到或好于Ⅲ类水体比例由66%提高到70%以上劣V类水体比例由 9.7%下降到5%以下<br>化学需氧量减少 10%<br>氨氮排放减少 10%<br>二氧化硫排放减少 15%<br>氮氧化物排放减少 15% |

续表

| 领域 | "十二五"规划 | "十三五"规划 |
|---|---|---|
| 生态建设 | 森林覆盖率提高到21.66%<br>森林蓄积量增加6亿立方米 | 森林覆盖率提高到23.04%<br>森林蓄积量增加14亿立方米 |

从立法角度来看，党的十八大以来，我国现代化环境治理体系的顶层设计已趋于完善。为贯彻落实全面依法治国的战略部署，我国绿色发展领域的立法修法工作进入了历史新阶段。2011年以来，我国总计颁布、修订、修正了14部与生态文明建设和绿色发展直接或间接相关的法律，其中，资源能源领域2部，环境保护领域4部，清洁生产领域1部，环境立法与执法程序领域4部，环境司法领域3部。我国整体法制环境不断完善、法律质量不断提高，为提高绿色发展专门法律的执行效力奠定了基础，为落实"后果严惩"的生态文明和绿色发展制度体系提供了法律依据。《环境保护法》和《大气污染防治法》的修订引起高度关注。2014年修订、2015年生效的《环境保护法》被誉为"史上最严环保法"，增加了按日计罚、查封扣押、行政拘留等条款。2015年修订、2016年生效的《大气污染防治法》对大气污染防治标准和限期达标规划、大气污染防治的监督管理、大气污染防治措施、重点区域大气污染联合防治、重污染天气应对等内容作了规定。《环境保护法》和《大气污染防治法》的修订，集中体现了党的十八大以来中央对推进绿色发展、加强环境污染防治、改善环境民生的重视。最新修订的《中华人民共和国环境保护法》于2015年1月开始实施。同年，环保部以新环法实施为契机，以偷排、偷放等恶意违法排污行为和篡改、伪造监测数据等弄虚作假行为为重点，依法严厉查处一批环境违法行为，仅在国家层面就对151个不符合条件的项目环评文件不予审批。为加快推进生态文明建设，2015年陆续发布了《关于加快推进生态文明建设的意见》《生态文明体制改革总体方案》及若干配套改革方案。《生态文明体制改革总体方案》明确提出建立包括自然资源资产产权制度、国土空间开发保护制度、空间规划体系、资源总量管理和全面节约制度、资源有偿使用和生态补偿制度、环境治理体系、环境治理和生态保护市场体系、绩效评价考核和责任追究制度等系统完整的生态文明制度体系，其中新建制度22项、健全和完善制度25项。此外，国务院颁布了系列改善生态环境质量、促进绿色发展的规范性文件和行政法规，部门规章密集制定。《大气污染防治行动计划》和《水污染防治行动计划》印发，明确提出全国空气质量和水环

境质量的改善目标。2013 年国务院颁布《关于化解产能过剩矛盾的指导意见》,提出通过严格环保标准化解过剩产能,实现经济发展和环境保护双赢。为加快落实党中央、国务院关于生态环境监测网络建设的决策部署,国家有关部门出台了一系列促进生态环境监测体系发展的配套政策文件,为加快建立与绿色发展相适应的生态环境统计、监测体系提供了保障。2015 年《促进大数据发展行动纲要》印发,明确提出要充分运用大数据,不断提升资源环境等领域数据资源的获取和利用能力,围绕服务型政府建设,在城乡环境等领域全面推广大数据应用,形成公共数据资源合理适度开放共享的法规制度和政策体系。同时,2018 年底前建成国家政府数据统一开放平台,率先在资源、环境、气象、海洋等重要领域实现公共数据资源合理适度向社会开放。2016 年《"互联网+"绿色生态三年行动实施方案》印发,要求形成覆盖主要生态要素的资源环境承载能力动态监测网络,实现生态环境数据的互联互通和开放共享。在资源能源领域,出台了《关于加强应对气候变化统计工作的意见的通知》《工业企业温室气体排放核算和报告通则》《地质环境监测管理办法》《气象信息服务管理办法》等文件,进一步规范了我国在温室气体排放、地质环境监测、气象监测等方面的监测管理和监测信息共享公开。在环境污染治理领域,《生态环境大数据建设总体方案》印发,提出通过生态环境大数据发展和应用,推进环境管理转型,提升生态环境治理能力,为实现生态环境质量总体改善目标提供有力支撑。出台的《关于支持环境监测体制改革的实施意见》提出,上收国家环境质量监测事权,到2018 年建立健全国家直管的大气、水、土壤环境质量监测网。国家环境质量监测事权的上收,实现了"国家考核、国家监测",为执行落实大气污染防治行动计划奠定基础。《关于推进环境监测服务社会化的指导意见》对规范环境监测市场管理作了规定;《环境监测数据弄虚作假行为判定及处理办法》对加强环境监测数据质量管理做出明确规定。

特别是党的十九大以来,我国生态环境法律体系更加健全,"依法治污"的法治保障更加有力,依法行政的制度约束更加严格。推动和配合制定了《土壤污染防治法》《长江保护法》两部新法推动了《固体废物污染环境防治法》《环境噪声污染防治法》《环境影响评价法》《海洋环境保护法》等 4 部法律的全面修订,其中,新修订的《固体废物污染环境防治法》已经于 2020 年 9 月 1 日施行。对《大气污染防治法》等 7 部法律有关条款进行了修改。在行政法规方面,推动出台了《环境保护税法实施条例》;制修订了《排污许可管理条例》《海洋石油勘探开发环境保护管理条例》。在司法文件方面，推动和配合司法机关制定检察公益诉讼、生态环境损害赔偿等司法解释，印发《关于在检察公益诉讼中加强协作配合依法打好污染防治攻坚战的意见》《关于办理环境污染刑事案件座谈会纪要》《关于进一步规范和完善生态环境损害司法鉴定的意见》。2018 年 6 月 24 日公布的《中共中央国务院关于全面加强生态环境保护坚决打好污染防治攻坚战的意见》对全面加强生态环境保护、坚决打好污染防治攻坚战作出部署，明确要求打好蓝天、碧水、净土"三大保卫战"。围绕蓝天保卫战已发布 83 项标准，既有与国际接轨的《环境空气质量标准》修改单、《挥发性有机物无组织排放控制标准》等固定源大气污染物排放标准，也有重型柴油车等移动源大气污染物排放标准。围绕碧水保卫战发布了 42 项标准。其中包括《船舶水污染物排放控制标准》《饮用水水源保护区划分技术规范》，同时针对《水污染防治行动计划》确定的农药、屠宰及肉类加工、食品加工制造、酒类制造等十大重点行业，开展了排放标准制修订工作。围绕净土保卫战发布了 68 项标准。其中包括《土壤环境质量 农用地土壤污染风险管控标准（试行）》《土壤环境质量 建设用地土壤污染风险管控标准（试行）》，废塑料、废钢铁、废有色金属等领域控制"洋垃圾"进口的固体废物环境保护控制标准。还发布了 8 项环境基础标准，如《国家水污染物排放标准制订技术导则》《国家大气污染物排放标准制订技术导则》《流域水污染物排放标准制订技术导则》，这些环境基础标准使得各类生态环境标准制修订工作有章可循。

生态环境立法的重大进展之一就是民法典明确了违法故意污染环境破坏生态的惩罚性赔偿制度，并明确规定了生态环境损害的修复和赔偿规则。2021 年 1 月 1 日起施行的《中华人民共和国民法典》充分体现"绿色"，堪称一部"绿色"民法典，在各个分编中，多个条款规定了生态环境保护的内容，其中，物权编中规定，不动产权利人不得违反国家规定弃置固体废物，不得排放大气污染物、水污染物、土壤污染物、噪声、光辐射、电磁辐射等有害物质。建造建筑物，不得违反国家有关工程建设标准，不得妨碍相邻建筑物的通风、采光和日照。设立建设用地使用权，应当符合节约资源、保护生态环境的要求。合同编规定，当事人在履行合同过程中，应当避免浪费资源、污染环境和破坏生态。生态环境领域高质量立法取得了突出成效，已成为中国特色社会主义法律体系非常重要的组成部分。

从政策工具来看，党的十八大以来，我国促进绿色发展的政策创新不断加快，各类政策工具得到较快发展，政策目标从单纯控制污染排放向控制污染排放和促进经济转型并重的方向转变，政策控制的领域开始从生产领域向消费领域延伸，绿色生产方式和生活方式正加快形成。基于市场的绿色发展政策工具不断丰富，生态环境保护优化经济发展的方式更加多样化。我国在绿色投资、环境信用、绿色财政、绿色基金、绿色税费、绿色信贷政策、环境污染责任保险、绿色证券、绿色价格、生态补偿、排污权交易、碳排放交易、发电权交易、环境污染第三方治理等政策领域出台了系列规范性文件和部门规章，占 1980 年以来基于市场机制的资源环境经济政策规范性文件的 59%，绿色税费、绿色财政、绿色价格政策颁布的规范性文件数量最多。这些政策激励相关主体采取更加绿色的投资和生产行为，使保护生态环境有收益，而不仅仅是一种成本，且收益大于成本。命令控制型工具继续发展。可再生能源发电全额保障性收购制度、用能和用水总量和效率控制制度、主要污染物排放总量控制制度、耕地总量控制制度等继续实行。

这一阶段的制度体系改变了以往仅仅依靠末端污染治理保护生态环境的思路，更加注重源头管控、流程监测以及责任追溯等预防性治理措施，试图构建全流程、严监管的环境治理体系。在十八届三中、四中全会通过的《中共中央关于全面深化改革若干重大问题的决定》以及《中共中央关于全面推进依法治国若干重大问题的决定》中对环境治理赋予了更为系统的功能，主要包括"建设生态文明必须建立系统完整的生态文明制度体系，用制度保护生态环境"，"加强生态文明建设领域的重点立法，坚持用严格的法律制度保护生态环境"。更加突出自然资源资产产权制度、生态文明绩效评价考核和责任追究制度，进一步完善现行评价体系，寻求解决长期以来我国环境治理权责不清、执行不力的问题。更加注重激励与约束并重，在健全命令控制型制度的同时，新的制度体系框架中有十多项细分制度涉及资源环境及生态产品的价格、税费、补偿、交易等，这有利于把生态优势转换为经济优势，真正实现"绿水青山就是金山银山"。

## 3.4　我国环境与经济协同发展政策演进的启示

### 3.4.1　是在发展中不断解决资源环境问题的过程

我国经济发展和生态环境保护理念和政策的演进历程表明，经济发展水平与资源环境问题是密切相关的，不同的经济发展水平和发展模式决定着资源环境被破坏或者被保护的程度。20 世纪 80 年代，我国经济发展水平较低，对自然资源的需求相对少，经济活动产生的污染排放相对小，此时经济活动对自然环境的压力较小。随着改革开放步伐的加快，我国工业化速度加快，对资源环境造成明显压力，但此时的环境污染排放以及对自然资源的消耗并未超出环境容量，自然环境具备的自我修复能力足以应对人类经济活动冲击。

20 世纪 90 年代中期，我国改革开放深入推进，工业化和城镇化快速发展，工业尤其是重工业发展速度加快，工业污染排放持续攀升，生态环境质量恶化严重。城镇化的快速推进，越来越多人聚集在城市，城市生态系统脆弱性增强。同时，城镇化带动了水泥、钢铁、煤炭、发电量等工业产品需求，也带动了城市交通排放压力激增，此时的资源环境压力大幅增加，经济发展远远超过了资源环境承载能力，环境保护成为全社会的共识，密集出台的资源环境相关法律法规政策成为应对资源环境问题的重要保障。

党的十八以来，我国经济发展进入结构调整、动力转换的新阶段，随着产业结构升级和消费升级，资源环境问题得到大幅改善，工业生产的污染强度逐渐降低，但电子产品垃圾、电磁辐射、生活垃圾、雾霾等新型污染问题开始出现。尽管倒 U 型库兹涅茨曲线认为经济发展到一定阶段，环境污染达到拐点，过了这个拐点，随着人均收入继续增加，环境污染将逐渐减低。但是，人类面临的资源环境问题永远不会消失，只是资源环境问题的表现形式、发生区域、规模、危害程度的变化。可以说，资源环境问题将一直伴随人类文明发展的每一个阶段，资源环境问题的解决需要更加牢固地树立绿色发展理念，需要加快发展方式和生活方式的转变，同样需要不断调整政策目标，探索新的政策工具，构建适合时代需要的资源环境政策体系。

### 3.4.2  是不断弥合发展理念与实践之间鸿沟的过程

改革开放以来，我国处理经济发展和环境保护矛盾的理念，历经了环境污染末端治理、可持续发展、科学发展观、生态文明和绿色发展等几个阶段。每个阶段对于经济发展和环境保护关系的认识以及理念，既是基于对当时我国社会主要矛盾和经济社会发展客观现实的研判，也是结合了国际上有关经济发展和环境保护的最新思想。我国认识经济发展与环境保护关系及绿色发展理念的形成是一个不断发展和追赶的过程，从最初的不顾资源环境承载能力的大力发展经济，到现在协同推进环境高水平保护和经济高质量发展，我国的绿色发展理念引领成为引领全球可持续发展的重要思潮。我国对经济发展与环境保护关系认识的不断升华以及绿色发展理念的不断跃迁，正是协同推进环境保护和经济发展理念与行动之间的"鸿沟"不断缩小的映射。

20世纪80年代，我国环境保护理念刚刚萌芽，我国将环境保护确立为基本国策，提出了"三同步"和"三统一"的环境与发展的战略方针。然而，在当时发展经济、缓解贫困压倒一切的背景下，环境保护与经济发展协同的理念更多时候被束之高阁。到了90年代，我国将可持续发展理念确立为国家战略，环境保护和经济发展协同的理念开始逐步落实到行动。这个阶段我国加强了对提高资源能源利用效率的控制，提出资源回收综合利用和常规污染物排放总量控制，资源节约和环境保护开始逐步由末端向全生产过程，理念开始推动实践的落实。进入21世纪，我国深入推进可持续发展，坚持科学发展观，首次提出建设生态文明，大力发展循环经济，节能减排成为约束性指标，环境与经济协调发展的理念开始"落地生根"，理念与行动间的鸿沟逐渐缩小。

党的十八大以来，我国将生态文明建设纳入"五位一体"总体布局，提出绿色发展理念，建立健全了绿色发展政策，大大促进了生态环境保护的行动自觉。为了促进"绿水青山"转换成"金山银山"，我国积极淘汰落后产能、发展节能环保产业，实行资源能源总量和强度"双控制"，继续收紧主要污染物总量减排目标，将环境质量改善作为约束性指标写入"十三五"规划，并在国家战略层面构建了包括源头严防、过程严管、损害严惩、责任追究的系统完整的生态文明制度体系，让生态环境保护渗透到生产、流通、消费等各个环节，形成环境保护优化经济发展的激励与约束并重的长效机制。将绿色发展作为"十四五"乃至更长时期我国经济社会发展的一个重要理念，明确要求"坚持绿水青山就是金山银山理念""深入实施可持续发展战略，完善生态文明领域统筹协调机制，构建生态文明体系，促进经济社会发展全面绿色转型，建设人与自然和谐共生的现代化。"生态环境法律体系更加健全，"依法治污"的法治保障更加有力，依法行政的制度约束更加严格，协同推进环境高水平保护和经济高质量发展的理念和行动逐渐统一。

### 3.4.3 是不断调整不同治理主体之间关系的过程

我国绿色发展公共政策主要调整下述两大关系：一是政府、企业、社会组织及公众间的关系，二是生态环境保护专业部门与包括经济建设部门在内的其他部门间的关系。随着环境与经济协同发展理念的不断深化，逐渐形成政府主导和监管、企业自我约束、社会参与、公众监督的绿色发展责任格局。我国绿色发展政策调整的重点从关注政府自身的职责，向厘清政府与企业、政府与社会职责关系的方向演进。起初的绿色发展政策更多地依靠政府行政管理手段，这种手段受限于政府能力、信息获取等因素，导致执行效果不好。随着行政管理体制改革的推进，政府积极转变职能，理清自身职责边界，调动企业积极性，健全市场机制，并更好地发挥在绿色发展中的主导和监管作用。通过完善自然资源资产产权制度、资源产品的价格形成机制，真实反映自然资源和环境容量的使用成本，引导自然资源得到最优配置。在健全市场机制的同时，政府通过总量控制、加强监管等方式，创造资源稀缺性，规范企业生产行为，引导企业环境守法，维护自然资源和环境容量的市场秩序，同时引导公众逐渐接受和践行绿色消费方式。

生态环境部门负责组织实施的法律法规之外，诸多部门都出台了与协同推进环境保护与经济发展相关的政策，部门间绿色发展的职责划分逐渐明晰，部门合力也在增强。协同推进环境保护与经济发展涉及政府多个行政管理部门，尤其是经济部门在其中起关键作用。一定程度上，我国生态环境保护专业监管部门应对经济建设部门形成有力约束，这样才能保证经济建设项目在审批、建设、验收、运行过程中严格按照低排放、低污染、高效率的标准执行。近年来，我国发改、工信、财政、税务等部门出台了大量关于促进绿色发展的政策文件，这在一定程度上反映我国经济绿色转型步伐在加快。以往生态环境保护专业部门与其他部门不是倾向于合作，而是倾向于竞争有限的资源，包括争夺审批权、检查权、处罚权，使得政府资源环境政策执行效果不好。党的十八大以来，我国不断深化生态文明体制改革，注重厘清各部门间的权责关系，并加快整合分散在各部门的相同职责，这有利于提升资源环境政策执行效果。特别是党的十九大以来，我国建立了生态文明绩效评价考核和责任追究制度，中央深改委第十一次会议审议通过了《关于构建现代环境治理体系的指导意见》，指出要以环境治理体系和治理能力现代化为目标，建立健全领导责任体系、企业责任体系、监管体系等7个体系。7个体系的关键是落实各类主体责任，最终都要落到生态环境保护责任制度实践上来。不断健全生态环境保护责任制度，完善环境治理体系，明晰和压实政府、企业、公众等各类主体权责，畅通参与渠道，形成全社会共同推进生态保护和环境治理的良好格局。

## 3.5 本 章 小 结

党的十八届五中全会将绿色发展与创新发展、协调发展、开放发展、共享发展作为新时期的五大发展理念，这是在党的十八大把生态文明建设纳入中国特色社会主义事业"五位一体"总体布局之后的一种理论升华，"这标志着我们对中国特色社会主义规律认识的进一步深化，表明了我们加强生态文明建设的坚定意志和坚强决心。"改革开放以来，我国重视环境保护事业，推动可持续发展，并逐步过渡到全面推进生态文明建设，自觉践行绿色发展理念。协同推进环境保护与经济发展理念的升华和政策的演进，是在我国走向现代化的实践探索中展开的。是一个不断调整不同治理主体之间关系的过程，是一个不断弥合发展理念与实践之间鸿沟的过程，是一个在经济社会发展进程中不断解决资源环境问题的过程。协同推进环境保护与经济发展可以使我国人民在享受物质产品极大丰富的现代生活的同时，保护生态环境，实现人与自然和谐，践行生态文明思想，确保中华民族的永续发展。

# 第4章 高水平保护与高质量发展的关系

习近平总书记指出："保护生态环境和发展经济从根本上讲是有机统一、相辅相成的。"这一论断深刻揭示了生态环境保护与经济发展之间的规律。习近平总书记关于生态环境保护与经济发展辩证关系的思考，对指导当前我国实现生态文明建设与经济发展二者共赢发展具有重要现实意义。正确把握生态环境保护和经济发展的关系，探索协同推进生态环境保护和经济高质量发展的新路子，是当代中国经济社会建设工作的共同遵循。

本章共分6节，第1节对国内外关于环境保护和经济发展之间关系的探索进行梳理；第2节基于习近平总书记关于"两条鱼""两座山""两只鸟"的重要论述，阐述了生态环境保护和经济发展之间辩证统一的关系；第3节在对高质量发展的丰富内涵进行解读的基础上，明确了生态环境高水平保护是高质量发展的应有之义；第4节从高水平保护对高质量发展推力作用的角度来阐释两者之间的关系；第5节从高质量发展加速高水平保护的角度阐释两者之间的关系；第6节是本章小结。

## 4.1 环境保护和经济发展关系的探索

### 4.1.1 西方关于环境保护和经济发展关系的探索

早在农业时代，人类对于文明发展与自然环境间关系的认识就已经开始萌芽。公元前18世纪的巴比伦王朝时期，《汉谟拉比法典》中就紧张鞋匠在城内居住，以避免他们的工作对城市环境产生影响，古希腊时期的哲学家柏拉图在《对话》中也曾对人类活动可能导致水土流失现象进行描述。虽然，在相当长的时期内，西方农业社会对生态环境的破坏并不明显，但是，随着西方文明中城市的出现并逐渐增多，人们对环境污染问题的认识越来越深刻，1661年英国作家约翰·伊凡林在《驱逐烟气》中曾经将被废气污染的伦敦比作"西西里岛的埃特纳火山"和"火与冶炼之神的法庭"，并描述了烟气污染对伦敦居民生命健康的危害。但由于这一时期人类活动对环境的破坏并不明显，因此民众对保护环境的意识并未真正形成。

19 世纪，工业革命在带来人类生产效率和生活水平飞速提升的同时，环境污染、生态破坏问题日益凸显，但在工业发展初期，人们缺乏环境保护的意识，并没有从长远的可持续发展的视角审视环境问题，对环境与经济发展的关系存在片面的看法。到 20 世纪中前期，发生了马斯河谷、伦敦与洛杉矶光化学烟雾事件等一系列环境污染事件，给人们的生存环境带来了巨大的威胁，人类因为自身对自然环境的肆意破坏付出的惨痛代价。正是在这一时期，西方社会学家与经济学家开始关注人类发展与自然环境保护之间的关系。亚当·斯密、马尔萨斯等古典经济学派提出了人口规模的增加必将造成资源短缺的观点，强调应当妥善处理好人口、资源与环境之间的关系和矛盾，约翰·穆勒也提出了人类社会经济增长与自然环境承载界限相互制约的观点。马歇尔则用"外部性"解释了经济发展对生态环境的影响，至此，人类发展与生态环境保护之间的关系成为普遍关注的问题。二战后，随着经济全球化的不断深化，生态环境问题逐步由局部性、区域性问题转变成全球性问题。1972 年，联合国在斯德哥尔摩召开了人类历史上第一次国际环保大会，来自 133 个国家的上千名代表共同就当时全球所面临的生态环境问题做了深入探讨，并最终达成"只有一个地球"以及"人类与环境是不可分割的'共同体'"的《人类环境宣言》。1992 年，联合国在里约热内卢召开的环境与发展大会上围绕可持续发展战略，奠定了当代经济发展与环境保护关系的总基调，并在十年后的世界可持续发展首脑峰会上拟定了具体可行的行动计划与实施方案。

## 4.1.2　中国关于环境保护和经济发展关系的探索

我国关于人类发展与自然环境关系的思想蕴含在几千年来深厚的中华传统文化之中。早在春秋战国时期，道家思想中"道""天""地""人"的世界观，就主张人与自然和谐共生，认为人应当将崇尚自然、效法天地作为人类发展的基本准则。"天地者，万物之父母也。""地者，万物之本源，诸生之根苑也。"等等这些自然观，都质朴地表达出了万物生存发展有其本质规律，天地自然是人类赖以生存条件的思想。而"竭泽而渔，岂不获得？而明年无鱼；焚薮而田，岂不获得？而明年无兽。"的观点正是在告诫人们对自然要取之以时、取之有度。中华文明积淀了丰富的生态智慧，传播影响千年，留存至今。

新中国成立后，高速发展的工业与快速膨胀的人口规模对我国资源环境造成的影响开始逐渐显现，促使我国开始重视环境保护问题。1972 年，我国派出代表参加了在斯德哥尔摩举办的人类环境会议，1973 年国务院召开了首次环境工作会议，做出了《关于保护和改善环境的若干规定（试行草案）》，提出了"全面规划，合理布局，综合利用，化害为利，依靠群众，大家动手，保护环境，造福人民"的环保工作 32 字方针，并将最先进的环保理念向全国范围推广。1978 年，随着改革开放大幕的拉开，生产力水平的快速提升所带来的不仅仅是经济的快速发展，我国能源利用效率也出现拐点，《宪法》（1978 年）第十一条规定"国家保护环境和自然资源，防治污染和其他公害"，这是新中国成立以来首次以根本大法的形式对环境保护作出规定。1992 年里约气候大会上发布的《里约环境与发展宣言》和《21世纪议程》中强调"人类与环境是不可分割的'共同体'"，中国政府随即发布了《21 世纪人口、环境与发展白皮书》，并于党的十五大将可持续发展战略正式确立为"现代化建设必须实施的战略"。至此，保护环境问题正式成为我国现代化建设进程中必须关注的问题。

进入 21 世纪，随着我国制造业面临的转型压力进一步加剧以及民众环境保护意识的进一步加强，我国对于环境保护工作的重视程度得到了再一次提升。党的十六届三中全会明确提出坚持科学发展观，并对科学发展观进行了详细阐述，对我国今后经济发展内涵、要义和本质做了进一步明确与创新，此后，在党的十六届五中全会上将建设资源节约型和环境友好型社会上升至国家战略层面，作为国民经济与社会发展长期规划的指引。党的十八大报告提出"经济建设、政治建设、文化建设、社会建设、生态文明建设"五位一体的中国特色社会主义总体布局，将生态文明建设提升到中国特色社会主义现代化建设的核心位置。至此，我国初步构建起了以生态文明建设为目标的系统性环境保护体系，彰显了我国生态保护发展的速度与效率。

## 4.2  环境保护和经济发展的辩证统一关系

习近平总书记关于生态环境保护与经济发展辩证关系的思考，是习近平生态文明思想的关键枢纽，是对我国生态环境治理经验教训的系统总结，也是我国未来协同推进生态环境高水平保护和经济高质量发展的根本遵循。这些思考集中体现在习近平总书记提出的"两座山""两条鱼""两只鸟"重要论述中。

## 4.2.1　"两座山"重要论述

早在 2005 年，习近平总书记在浙江湖州安吉考察时就提出"绿水青山就是金山银山"科学论断，随后在"之江新语"发表短评，延伸思考生态优势转变问题，"如果把生态环境优势转化为生态农业、生态工业、生态旅游等生态经济优势，那么绿水青山也就变成了金山"。2013 年 9 月，在哈萨克斯坦纳扎尔巴耶夫大学演讲的答问中，提出了目前广为人知的"两山理论"，即"既要绿水青山，也要金山银山。宁要绿水青山，不要金山银山，而且绿水青山就是金山银山"。2015 年 3 月，将"坚持绿水青山就是金山银山"写入《关于推进生态文明建设的意见》。2016 年 3 月 7 日，在参加十二届全国人大四次会议黑龙江代表团审议时，更是进一步提出了"冰天雪地也是金山银山"。2017 年 10 月，党的十九大报告提出："必须树立和践行绿水青山就是金山银山的理念"，同时，"增强绿水青山就是金山银山"的意识写入党章。在 2018 年中央党校发表讲话时，对"两座山"的问题进行了特别强调，指出保护生态环境是发展应有之义。

习近平总书记指出"绿水青山可带来金山银山，但金山银山买不到绿水青山。绿水青山与金山银山既会产生矛盾，又可辩证统一"。很好地概括了绿水青山和金山银山之间的内在联系，辩证地剖析了经济建设和生态文明建设之间的关系，也是对环境经济学理论的形象概括，深刻揭示了我国环境与经济发展关系状况及规律，为我们处理好环境与经济协调发展提供了指导原则，成为习近平生态文明思想重要组成部分。党的十八大以来，以习近平同志为总书记的党中央审时度势，不断完善丰富了"绿水青山"和"金山银山"的辩证统一理论。"我们既要绿水青山，也要金山银山。宁要绿水青山，不要金山银山，而且绿水青山就是金山银山"，生态文明建设和绿色发展的核心任务是处理好这"两山"之间的关系。

"既要绿水青山、又要金山银山"，要加快构建人与自然和谐发展的新格局。以往"只要金山银山、不要绿水青山"的做法违背了自然规律，造成了资源约束趋紧、环境污染严重、生态系统退化等问题，导致了人与自然关系失衡。"我们追求人与自然的和谐，经济与社会的和谐，通俗地讲，就是既要绿水青山，又要金山银山。"这要求人类在追求自身发展的同时，重塑人与自然之间平等、平衡、和谐的新型关系，真正实现蓝天常在、青山常在、绿水常在，体现尊重自然、顺应自然、保护自然的生态理念。党的十九大报告强调："建设生态文明是中华民族永续发展的千年大计。必须树立和践行绿水青山就是金山银山的理念，坚持资源节约和保护环境的基本国策，像对待生命一样对待生态环境……"。

"绿水青山就是金山银山"，保护生态环境就是保护生产力。随着人口规模不断扩张、工业化和城镇化的快速推进，自然资源和环境容量变得越来越稀缺，"绿水青山"作为生态资产的价值开始凸显。"牢固树立保护生态环境就是保护生产力、改善生态环境就是发展生产力的理念"。此时，要求人类摒弃不可持续的自然资源开发利用方式，转向集约、高效、循环、可持续的开发利用方式，把节约资源、保护环境、修复生态放在优先位置，推动人类积极转变生产方式、生活方式，重塑绿色价值观。

"宁要绿水青山，不要金山银山"，"在生态环境保护问题上，就是要不能越雷池一步，否则就应该受到惩罚。"生态文明建设涉及政府、企业、社会组织和公众等多个主体，需要通过制度约束和规范这些主体在自然资源和环境容量开发、利用、保护中的行为，实现自然资源和环境容量使用的代际公平，解决环境污染带来的外部性问题，确保生态环境产品的公平配置。建设生态文明，"最重要的是要完善经济社会发展考核评价体系，把资源消耗、环境损害、生态效益等体现生态文明建设状况的指标纳入经济社会发展评价体系，使之成为推进生态文明建设的重要导向和约束。要建立责任追究制度，对那些不顾生态环境盲目决策、造成严重后果的人，必须追究其责任，而且应该终身追究。""对破坏生态环境的行为，不能手软，不能下不为例。"

过去相当长一段时间内，把生态环境与经济发展消极地对立起来，宁要金山银山不要绿水青山，甚至用绿水青山去换金山银山，以破坏生态环境的方式换取经济一时发展的做法违背了自然规律，造成了资源约束趋紧、环境污染严重、生态系统退化等问题，导致了人与自然关系失衡。我国对生态环境保护与经济发展之间作用规律的认识和处理两者关系的战略部署从20世纪90年代中期开始逐步深化和展开的。1994年开始，我国提出并不断强化转变经济增长方式和实施可持续发展战略的实践。但在全面落实科学发展观之前，在环境保护和经济发展协调推进的战略与政策安排上，总体上还处在"重经济增长、轻环境保护"的状态。2005年，国务院发布的《关于落实科学发展观加强环境保护的决定》，正式提出经济社会发展必须与环境保护相协调。特别是十八大以后，以"五位一体"总体布局、"四个全面"战略布局和绿色发展理念为标志，我国对环境与经济规律的认识及其相互融合发展战略安排与实践发生了系统性飞跃。2013年习近平总书记在海南考察工作结束时的讲话中强调，"良好生态环境是最公平的公共产品，是最普惠的民生福祉。对人的生存来说，金山银山固然重要，但绿水青山是人民幸福生活的重要内容，是金钱不能代替的。你挣到了钱，但空气、饮用水都不合格，哪有什么幸福可言。"2018 年 5 月，习近平总书记在全国生态环境保护大会上强调，"绿水青山就是金山银山，贯彻创新、协调、绿色、开放、共享的发展理念，加快形成节约资源和保护环境的空间格局、产业结构、生产方式、生活方式，给自然生态留下休养生息的时间和空间。"

　　随着对生态环境保护重要性认识的深化，人们开始追求人与自然的和谐，经济与社会的和谐，"既要绿水青山，又要金山银山。"开始重塑人与自然之间平等、平衡、和谐的新型关系。从本质上讲，"绿水青山就是金山银山"，"保护生态环境就是保护生产力，改善生态环境就是发展生产力。"习近平总书记强调："让绿水青山充分发挥经济社会效益，不是要把它破坏了，而是要把它保护得更好。要树立正确发展思路，因地制宜选择好发展产业，切实做到经济效益、社会效益、生态效益同步提升，实现百姓富、生态美有机统一。"一方面，生态环境保护得好，老百姓居住的环境更好了、自然资源的再生能力更强了，经济发展的本底潜力就越大、发展就更加可持续。正所谓"鱼逐水草而居，鸟择良木而栖。"一个地区生态环境越好、自然资本越多，就会吸引更多的投资者来投资发展，将自然优势转化为经济优势，自然价值转化为经济价值。另一方面，生态环境保护得好，绿水青山蕴含的生态产品价值就越多，习近平总书记指出，要通过改革创新，让贫困地区的土地、劳动力、资产、自然风光等要素活起来，让资源变资产、资金变股金、农民变股东，让绿水青山变金山银山，带动贫困人口增收。要善于发挥生态优势，根据自然资源禀赋，因地制宜选择好发展产业，将生态环境保护蕴含的潜在需求转变为新的经济增长点，更充分地将绿水青山转化为金山银山，实现其经济价值。，"发展不仅要追求经济目标，还要追求生态目标。"生态环境作为资源，具有自然资本的价值，是高质量发展的生产要素，与土地、技术等要素一样，是影响高质量发展的内生变量。同时，优美生态环境也是高质量发展的结果，是衡量高质量发展的标准。优美生态环境与高质量经济是发展的两个基本内涵，相辅相成，融为一体。

　　绿水青山就是金山银山的理念及其实践，推动形成了人与自然和谐发展的现代化建设新格局，推动实现了经济发展与生态环境保护有机统一的绿色发展,极大地增强了我们走生产发展、生活富裕、生态良好的文明发展道路的信心。

### 4.2.2 "两只鸟"重要论述

"两只鸟论"的思想发端于浙江经济社会发展实践,但具有全局意义。习近平总书记在担任浙江省委书记时就指出,坚定不移地推进经济结构的战略性调整和增长方式的根本性转变,要在资源节约的前提下寻求新的经济增长点,并以"腾笼换鸟、凤凰涅槃"来阐明"调结构、转方式"的重要意义和方向路径。习近平总书记曾经指出,推进经济结构的战略性调整和增长方式的根本性转变,概括起来主要是两项内容,打个通俗的比喻,就是养好"两只鸟":一个是"凤凰涅槃",另一个是"腾笼换鸟"。"所谓'凤凰涅槃',就是要拿出壮士断腕的勇气,摆脱对粗放型增长的依赖,大力提高自主创新能力,加快建设科技强省和品牌大省,努力变制造为创造,变贴牌为创牌,实现产业和企业的浴火重生、脱胎换骨。所谓'腾笼换鸟',就是要主动推进产业结构的优化升级,积极引导发展高效生态农业、先进制造业和现代服务业。"在《浙江日报》"之江新语"专栏发表的《转变经济增长方式的辩证法》一文中阐述道,"我们要坚定不移地推进经济增长方式转变,真正在'腾笼换鸟'中实现'凤凰涅槃'。"2014 年,习近平总书记在参加十二届全国人大二次会议广东代表团审议时再次强调,腾笼不是空笼,要先立后破,还要研究"新鸟"进笼"老鸟"去哪儿。要着力推动产业优化升级,充分发挥创新驱动作用,走绿色发展之路,努力实现凤凰涅槃。

习近平总书记用"两只鸟"的论述形象地指出,要改善生态环境就必须推动技术创新和结构调整,提高经济发展的质量和效益,以推动生态环境的同步改善。"鸟去笼空""腾笼换鸟""凤凰涅槃"体现了辩证法中的主要矛盾和矛盾主要方面的理论。在"笼"与"鸟"这个矛盾中,"鸟"是矛盾的主要方面,"笼"是矛盾的次要方面。涅槃重生的"俊鸟""凤凰",就是以创新、绿色、循环为支撑的产业体系和经济动能,它可以使经济与环境的关系得以重建,生态环境也得以焕发勃勃生机。解决生态环境问题要从经济发展入手要转变经济发展方式,调整产业结构,转换经济发展动力。防止"鸟去笼空",真正在"腾笼换鸟"中实现"凤凰涅槃"。

党的十八大以来,我国加强生态文明建设,加大污染治理力度、频繁出台环境保护制度、实施最严密的监管执法尺度,生态环境保护发生了历史性转折，生态环境质量发展了全局性改变。一些高耗能、高污染、高排放、低效益的"三高一低"企业和项目被关停，一大批污染企业被清退。在这个过程中，一些地方的经济增长短期内确实受到一定影响，为了把经济增长搞上去，少数地方依然存在继续延续以牺牲环境来换取经济增长的粗放型增长方式，甚至突破生态保护红线的想法。毫无疑问，这样的认识和做法是极其错误的，没有意识到保护生态环境和发展经济的有机统一、相辅相成。

经济要发展，生态环境也要保护，经济的发展不能建立在损害自然资源的基础上，要发展经济就需要走一条与自然资源和谐发展的正确道路，如果一味地索取，经济发展到一定阶段必然会受到自然的反作用力。要明确生态保护与经济发展的逻辑关系。在生态保护优先的前提下，抓发展、抓项目，努力在生态潜力中挖掘出绿色发展价值，用绿色发展成果反哺生态环境保护。要时刻保持人与自然的和谐共处，在保证经济发展、生态平衡的基础上为子孙后代造福。从人类自身发展角度来讲，保护自然环境就是保护人类自己的家园。人类的一切生产、生活行动都要尊重自然规律，彻底转变以牺牲自然环境、破坏自然资源为代价的粗放型增长方式的思想。不要总是停留在眼前利益而损害长远利益。在发展经济的同时要充分考虑自然的承载能力，建立和维护经济发展与自然相平衡的关系。

### 4.2.3　"两条鱼"重要论述

习近平总书记指出，生态环境保护的成败，归根到底取决于经济结构和经济发展方式。从理论逻辑来看，生态文明的逻辑起点是工业文明所带来的资源环境问题及其与经济、政治、文化、社会发展的关系问题。从历史进程来看，生态环境问题是近代工业革命以来的产物，当前世界突出的生态环境问题是由近代以来大规模的工业化、城镇化导致的。因此，经济发展是原因和本质，生态环境问题是结果和现象，经济发展与生态环境问题之间体现了原因与结果、本质与现象的辩证关系。正是基于这种考虑，2013 年习近平总书记在海南省考察工作时提出，经济发展不应是对资源和生态环境的竭泽而渔，生态环境保护也不应是舍弃经济发展的缘木求鱼，而是要坚持在发展中保护、在保护中发展，实现经济社会发展与人口、资源、环境相协调，不断提高资源利用水平，加快构建绿色生产体系。

"经济发展不应竭泽而渔"，经济发展要充分考虑到生态资源环境的承载力，"生态承载能力"是有限的，而经济发展冲动是无限的，人类产业活动要在这个承载力之内而不是在这个承载力之外来进行。就我国发展现实情况来说，新中国建立之初，我国为了实现"后发赶超"，不顾资源节约、环境成本搞大发展、大开发，工业化、现代化、城镇化迅速发展，经济建设取得了举世瞩目的成就，但与此同时，一些地方的生态资源环境承载能力也逼近上限，高速度、粗放型发展模式已不可持续。黄河流域就因为社会经济发展需求与粗放式发展模式，导致目前生态本底脆弱，环境承载力超载等环境问题。这种"竭泽而渔"的做法，让我们付出了沉重的代价，也让我们意识到经济发展要充分考虑生态环境容量，不能再走能源资源过度消耗的老路，欧美"先污染后治理"的老路是行不通的，而应探索出一条环境保护和经济发展协同发展的新路，实现当代人与后代人发展的代际公平，不能剥夺后代人发展的权利。

"生态环境保护不应缘木求鱼"，脱离经济发展搞生态环境保护也是不可取的。没有经济发展作支持，生态环境保护就没有了坚实的资金基础和技术支持。习近平总书记强调，生态环境保护是积极的、主动的保护，而不是"唯环保主义""唯生态主义"那样消极的、被动的保护。后者在本质上把经济发展与生态环境保护消极地对立起来，只是被动地对经济发展的后果进行修修补补，这只不过是"唯 GDP 主义"消极的反面，而不是对其真正克服和实质超越。在十四五期间，生态环境的保护应该主动"融入"经济建设当中，以生态环境的高水平保护促进经济建设的高质量发展。只有经济发展与生态保护"双轨"发展，才能在满足人民对日益美好生活的向往。生态环境保护不是舍弃经济发展的保护。

## 4.3　高水平保护是高质量发展的应有之义

### 4.3.1　高质量发展的丰富内涵

党的十九大报告指出，我国经济已由高速增长阶段转向高质量发展阶段。高质量发展的内涵非常丰富。高质量发展是能够很好满足人民日益增长的美好生活需要的发展，是体现新发展理念的发展。进入新时代，我国社会主要矛盾已经转化为人民日益增长的美好生活需要和不平衡不充分的发展之间的矛盾。高质量发展要以着力解决好发展不平衡不充分问题为出发点，更好满足人民在经济、政治、文化、社会、生态等方面日益增长的美好生活需要，更好推进社会经济生活全过程的高质量发展，更好推动人的全面发展和社会的全面进步，逐步实现共同富裕。高质量发展要全面体现绿色发展理念，要以创新作为第一动力、让协调成为内生特点、将绿色作为发展底色、坚持更高水平开放，让人人共享发展成果，实现要更高质量、更有效率、更加公平、更可持续的发展。

高质量发展不仅重视量的增长，更加重视结构的优化；不仅重视效益和效率的提升，更加重视环境的保护、社会的公平、文明的提升，制度的健全以及治理的完善等，具体表现为高质量、高效率和高稳定性的供给体系。微观层面上，新时代经济高质量发展，必然要求商品和服务的高质量供给，具体表现为以提供更能适应消费者多样化、个性化、不断升级的高品位需求产品和服务供给为主导的生产发展，中观层面上必然要求产业素质的提升和区域经济活力的增强，具体表现为要素投入质量不断提升、结构不断优化升级的现代产业发展，以及科技、金融、人才等资源协同发展，整体性、包容性和开放性不断增强的区域经济发展；宏观层面上必然要求全要素生产率不断提高的国民经济整体高质量发展，具体表现为资本、劳动、能源、环境等资源配置效率、投入产出效率不断提高，收入分配更加公平合理，经济循环更加健康高效的可持续发展。

高质量发展是能够为人民提供优质生态产品供给的发展，习近平总书记指出，与全面建成小康社会奋斗目标相比，与人民群众对美好生态环境的期盼相比，生态欠债依然很大，环境问题依然严峻。因此，要辩证认识和处理好环境保护和经济发展的关系，"保护生态环境就是保护生产力，改善生态环境就是发展生产力"把绿色发展、可持续发展等理念内嵌于整个社会生活和社会生产的全过程之中，以创新发展为基点，提高优质生态产品的供给能力，既满足人民群众对良好生态环境的新期待，也让良好生态环境成为人民生活的增长点、成为经济社会持续健康发展的支撑点的。高质量发展的根本目的是满足人民更美好的生活需要，其中供给优良的生态产品是高质量发展和生态环境保护的共同目标。

高质量发展是以人民为中心的发展。习近平总书记强调："我们追求的发展是高质量的发展，衡量标准就死以人民为中心。"首先，高质量发展是为人民的发展。十九大报告将坚持以人民为中心作为新时代坚持和发展中国特色社会主义的基本方略之一，凸显了人民性这一马克思主义最鲜明的品格。只有高质量发展才能满足人民有获得感、幸福感和安全感。其次，高质量发展是依靠人民的发展。习近平总书记指出："实现中国梦必须凝聚中国力量。"人民是历史的创造者,所以实现新时代的高质量发展就要充分调动人民的积极性,凝聚力量干大事。最后,高质量发展的成果由人民判断。高质量发展要把人民群众的认可和满意程度作为高质量发展是否取得成效的重要标准。

### 4.3.2 高水平保护内涵于高质量发展之义

生态环境是人类赖以生存的基本条件,或直接或间接对人类的生存和发展产生潜在且长远的影响。生态环境的破坏,最终会让人类的生活环境恶化,经济发展受到限制。因此,要实现经济高质量发展,就必须加强生态环境的高水平保护,生态环境高水平保护是高质量发展的应有之义。

第一,高水平保护是高质量发展的核心目标之一。优良的生态环境是美好生活的重要需求,也是推动高质量发展的重要目标导向。习近平总书记指出,老百姓过去盼温饱,现在盼环保,过去求生存,现在求生态。民生福祉的持续改善是高质量发展的内在要求,满足人民对日益美好生活的向往,是高质量发展的根本方向。高质量发展的目的归根到底是要满足人民美好生活的需要。当前人民不仅对物质文化生活提出了更高要求,而且在生态环境等方面的要求也日益增长。良好的生态环境作为最公平的公共产品,是覆盖面最广的最普惠的民生福祉,承载着人民群众对美好生活的期望,公平享受良好生态环境是人民群众的基本权益。要将持续改善生态环境质量、提供更多的优质生态产品作为高质量发展的核心目标之一,制定与高质量发展相匹配的"高质量生态""高标准保护"的环境目标与责任机制,建立基于高质量发展的政策体系、标准体系、统计体系、绩效评价体系、政绩考核体系,完善以改善生态环境质量为核心目标、领导干部环境绩效评价考核制度、环保离任审计制度、生态环境损害责任追究制度等,加大生态环境保护力度,合理利用自然资源,不断推进城市乡村生态环境的保护,提升生态环境自身的净化能力,保证自然物种的多样性,使生态系统得以良性循环,营造良好的生态人居环境,提供更多优质的生态产品,保障良好生态环境的持续供给,满足人民日益增长的优美生态环境需要。同时将为人民群众供给更多优质生态产品转化成为内生动力,目标引导经济社会发展向高质量发展转变。

第二,高水平保护是高质量发展成果巩固的保障。高质量发展是效率与公平统一、能够提供优质生态产品供给、很好满足人民日益增长的美好生活需要的发展。高水平保护是以蓝天保卫战、碧水保卫战、土壤保卫战为重点，以着力调整产业结构、能源结构、要素配置结构为路径，以解决关系民生福祉、经济发展的突出环境问题为主导的保护，是促进公平发展、协调发展、绿色发展的重要手段。积极落实生态优先、绿色发展理念，对传统产业实行清洁生产和循环化改造，以绿色发展新动能替代旧动能，推进行业企业加快清洁生产等技术水平的创新提升，加快制定环保标准法规，加强环保督察巡查，加快培育发展节能环保战略性新兴产业，不断推进产业绿色化、高端化发展，这正是对高质量发展的重要成果的巩固。

第三，生态环境是衡量高质量发展成效的重要标准。推动高质量发展已成为地方经济发展的首要战略目标，也成了衡量各个地方政府领导干部政绩的重要因素，而加快绿色发展、提供更多优质生态产品、如期实现生态环境目标等也成了高质量发展的重要评判标准。衡量高质量发展的成效，与环境治理力度和能力以及生态改善程度等都是直接相关、密不可分的。在对高质量发展的目标体系以及评价指标的构建中，都会将生态环境保护相关指标作为重要衡量指标。

## 4.3.3　高水平保护是高质量发展的源头动力

生态环境高水平保护既是高质量发展的应有之义，也是实现高质量发展的重要支撑与推动力。面对新时代新形势，要明确高质量发展时代要求下生态环境保护的定位与作用，把握高质量发展带来的生态环境保护新机遇，加强对生态环境的保护尽管短时期内可能会对经济增速和规模产生影响，但从长远来看，将有力地促进"腾笼换鸟"，为未来经济的持续繁荣打下良好的基础。

### 1. 高水平保护可以倒逼经济结构优化升级

根本改善生态环境状况，必须改变过去依赖增加物质资源消耗、过多依赖规模粗放扩张、过多依赖高能耗高排放产业的发展模式。在我国经济由高速增长阶段转向高质量发展阶段过程中，通过实施生态环境分区管控，结合生态保护红线划定，将过去不落地的环境质量底线和资源利用上线要求，落实到具体的环境管控单元，明确空间上的生态环境警戒线，可以推动各地加快转变发展方式、优化经济结构、转换增长动力。以生态环境高水平保护来促进经济结构的优化升级已经成为新时代经济发展的趋势，重视生态环境的发展需要产业模式更加低碳化，资源利用更加高效化，产品供给更加生态化，这必将在经济发展结构、效率、效益等方面得到大大的改善和提升。积极落实生态优先、绿色发展理念，就要对传统产业实行清洁生产和循环化改造，淘汰高能耗、高污染、高排放的落后产能，淘汰潜在环境风险大、升级改造困难的企业，以绿色发展新动能替代资源环境代价过大的旧动能，推进行业企业加快清洁生产等技术水平的创新提升；就要在生产、运输、流通各环节制定环保标准法规，加强环保督察巡查以及环境税、排污许可制度建设，充分发挥空间管控、防治攻坚、督查执法、环境政策等驱动力；就要加快培育发展高端装备制造、节能环保、新材料、新能源汽车等战略性新兴产业，从而推动价值链向绿色化转型，向中高端迈进。就要坚持节能优先方针，深化工业、建筑、交通等领域和公共机构节能，推动5G、大数据等新兴领域能效提升，加快能耗限额、产品设备效能强制性国家标准制定；就要完善绿色产业发展导向政策，降低企业税费，加大财政转移支付和生态补偿能力，打造法制、透明、多元的市场环境。所有这些生态环境保护的实践，都将从源头推动产业结构调整与经济效益提升。

尤其是在"监管倒逼"经济效益递减的背景下，十四五期间应主要以"深度融合"为主。高水平保护要融入经济发展的"内部"之中，与经济发展主体积极合作，共同制定和实施及国际绿色转型的方案。从宏观层面，生态环境发展部门要联合社会经济发展部门，对区域经济布局和产业规划，从绿色发展的角度在研发、生产、流通等方面提出建议；从中观层面，生态环境部门与地方政府进行合作，探索生态环境与经济发展在产业、能源、交通运输等方面实现双赢的发展模式；从微观层面，对企业实行绿色帮扶，帮助企业实现转型升级。

### 2．高水平保护可以推动现代化经济体系建设

绿色发展是构建高质量现代化经济体系的必然要求，推动现代化经济体系的构建需要以加快构建生态文明体系作为顶层制度的基石，建立健全以生态价值观念为准则的生态文明体系和以产业生态化和生态产业化为主体的生态经济体系。高水平保护要全面推进绿色低碳循环发展方式转变，以低能耗、低污染、低排放为标准，以低碳清洁高效的技术创新为动力，促进全产业链价值链高端化，提高产品绿色附加值；要优化空间布局绿色化，通过区域规划，将资源环境承载力作为刚性约束实现经济、人口、资源、环境的协调合理布局；要建设清洁高效的绿色产业体系、绿色技术创新体系、绿色能源体系、绿色金融体系，大力推行绿色生产生活方式，并以绿色生活方式引领现代服务业发展；要培育壮大绿色环保产业，提升环

保产业地位，使绿色环保产业成为人新的经济增长点；以更加严格的生态环境准入清单推进构建以产业生态化和生态产业化为主体的生态经济体系，这都将加快推进现代化经济体系的建设。

**3. 高水平保护可以营造更加公平的市场环境**

公平竞争环境是高质量发展的基础。从环保行业、排污企业角度来说，中小企业普遍环境治理成本低、效益好，"劣币驱逐良币"现象突出，因此需要进一步强化环境税、排污许可、散乱污治理等政策，营造良好的公平竞争环境。要深化以环境税为基础的税制改革，加快实施覆盖所有固定污染源的企业排放许可制，推动企业切实履行环境主体责任、规范自身环境行为。全面推进散乱污企业的综合治理，为市场腾出更多的环境容量发展清洁高端的现代产业。在公平条件下强化环保领跑者制度的奖励机制，推动高质量发展。以环境税、排污许可、散乱污治理等为政策力，营造公平的市场竞争环境。

## 4.4　高质量发展是高水平保护的加速器

习近平总书记强调："生态环境保护的成败归根到底取决于经济结构和经济发展方式"。高质量发展所选择的发展路径和模式，都是有利于绿色 生产式和生活方式加速形成的，对生态环境保护地位提升、环境治理进程加速、环境管理的质量与效率提升带来积极影响。

### 4.4.1　高质量发展将加速生态环境制度建设

我国已经进入高质量发展的大通道，发展不平衡、不充分的问题依然突出，其中环境过度破坏、资源无序开发是我国发展格局不合理、产业布局不平衡的重要因素。习近平总书记强调，要加快划定并严守生态保护红线、环境质量底线、资源利用上线，对突破三条红线、仍然沿用粗放增长模式、吃祖宗饭砸子孙碗的事，绝对不能再干，绝对不允许再干。要实现高质量发展，就必须要通过一系列生态环境保护制度的约束来解决环境过度破坏、资源无序开发的问题，推进经济结构和产业布局的合理化与平衡化，通过把"生态保护红线、环境质量底线、自然资源利用上线、生态环境准入清单"等空间管控、生态环境治理绩效考核等制度落到实处，来推动经济结构的高端化绿色化。同时，随着高质量发展目标任务的绩效考核等政策体系的落地实施，地方政府正加速制定涵盖生态环保在内的一揽子政策机制，在生态环境保护领域，地方立法、政策制定、规划编制、执法监管都得到进一步完善，制度衔接和联动管理不断加强，以环评制度为主体的生态环境源头预防体系不断健全，以"三线一单"为环境空间管控基础，以规划环评和项目环评为环境准入关口，以排污许可为企业运行守法依据，以执法督察为环境监管兜底的全过程环境管理框架正在不断探索和完善中，这将加速推进态环境保护制度体系的建设。

## 4.4.2  高质量发展将加速生态环境质量改善

生态环境问题的根源在粗放型经济增长方式，依赖增加物质资源消耗、粗放扩张生产规模、发展高能耗高排放产业的发展模式，导致生态环境保护压力长期居高不下。实现高质量发展就是要实现在生态环境质量不断改善的基础上的发展，要从装备经济发展方式、环境污染综合治理、自然生态保护修复、资源节约集约利用、完善生态文明制度体系等方面采取超常举措。一方面，推动高质量发展是实现经济社会发展质量、效率、动力全面提升的过程，是生态文明建设融入经济社会发展的过程。在优化地方产业布局、结构与规模的过程中，绿色低碳环保的经济发展方式、节约资源和保护环境的空间格局、产业结构、生产方式、生活方式将加速形成。产业高端化、绿色化梯度转型升级，将从源头提升生态环境治理能力。另一方面，加快推动高质量发展需要同步加速环境治理进程，以提供更多优质生态产品来实现高质量发展，这将对生态环境保护工作提出更高的要求，需要生态环境保护在供给侧结构性改革、产业结构转型升级方面发挥更加积极的作用，推动经济发展方式转变、经济结构优化、增长动力转换。将经济行为、人类活动限制在自然资源和生态环境承载能力之内，显著提升生态环境保护的整体水平。

## 4.4.3  高质量发展将加快环境治理体系现代化进程

围绕高质量发展的一系列改革及制度建设，将推动生态环境保护向精细化、系统化、智能化的高质高效环境管理模式转变，推动现代化环境治理体系逐步建立健全。首先，随着高质量发展的阶段性目标实现，持续以绿色技术、环保政策标准推动高端产业发展的中长期环境治理目标及治理路径将逐步明确实施，高质量发展过程中，一系列生态环境保护政策措施在实践中不断拓展应用，应用机制不断完善，技术方法、配套政策不断创新，服务新形势下的生态环境保护工作的能力不断增强。高质量发展的成果不仅为系统谋划生态环境保护工作，规划资源开发、产业布局和结构调整、城镇建设等提供依据，也有助于提高基层生态环境部门的审批效能和环境监管能力，也为企业落项目、去产能、搬迁入园等提供了系统政策指引，不仅是提升基层生态环境治理效能的重要举措，也将加快环境治理体系的现代化进程。

## 4.5  本 章 小 结

习近平总书记关于生态环境保护与经济发展辩证关系的思考，是习近平生态文明思想的关键枢纽，是对我国生态环境治理经验教训的系统总结，也是我国未来协同推进生态环境高水平保护和经济高质量发展的根本遵循。生态环境保护是经济高质量发展的重要推动力，高质量发展反过来对生态环境保护提出了新的更高的要求，它们两者是相互融合，密不可分的。习近平总书记强调，要正确处理好经济发展同生态环境保护的关系，牢固树立保护生态环境就是保护生产力、改善生态环境就是发展生产力的理念，更加自觉地推动绿色发展、循环发展、低碳发展，决不以牺牲环境为代价去换取一时的经济增长，绝不走"先污染后治理"的路子。"切实处理好两者之间的关系，既有利于推动高质量的发展，也有助于加快推进生态环境的改善。"处理好高水平保护与高质量发展的关系，经济才能可持续发展，环境才能得以保护。人类的进步要依靠经济的发展，而经济的发展必然要与自然环境存在联系，最大限度地达到环境保护与经济发展之间的和谐相处，对于经济社会发展具有重要意义。党的十八大以来，我国污染防治工作取得了显著的成效，有利地推动了中国经济高质量的发展。我国在收获蓝天幸福的同时，宏观经济运行要好于预期，工业企业起稳向好，产能利用率明显提升，市场环境得到的进化，大大提高了高质量发展。

# 第 5 章　高水平保护与高质量发展的协同机制

协同机制是在协同论的基础上，对系统包含的子系统的系统关系及协同规律进行研究的框架体系。对千差万别的自然系统或社会系统而言，均存在着协同作用。协同作用是系统有序结构形成的内驱力。任何复杂系统，当在外来能量的作用下或物质的聚集态达到某种临界值时，子系统之间就会产生协同作用。在协同系统中，生态环境和经济发展是紧密关联、相互作用的两个子系统。环境高水平保护是针对生态环境子系统进行的一系列活动与举措，是为了不断的降低经济子系统对环境损害的同时，增强生态环境承载力和构建和谐人居环境。协同推进环境高水平保护和经济高质量发展需要高效的协同机制。

本章共分为 4 节，第 1 节对高水平保护与高质量发展的作用机理进行分析，第 2 节对高水平保护与高质量发展协同关系分析的基础上，用模型对两者之间的协同关系进行描述；第 3 节从协同形成机制、协同运行机制和协同保障机制着手构建高水平保护与高质量发展的协同机制；第 4 节是本章小结。

## 5.1　高水平保护与高质量发展的作用机理

### 5.1.1　环境子系统与经济子系统

环境子系统与经济子系统之间密切联系，相互作用，相互影响，共同构成了一个完整的有机体，并按照不同的功能运行着。

第一，环境子系统。环境是人类赖以生存的空间范围，是经济发展的源泉。经济高质量发展要建立在健康的生态环境空间之上。具体来说，环境包括自然、人工和广域环境。其中自然环境又包括不同的自然要素和自然环境，其中前者包括气候、水温、地质、地貌和生物等，后者包括太阳辐射、水、土地、岩矿等。自然环境主要向生态系统提供必要的资源和能源，以及气候调节、防洪、降噪等生态服务功能。人工环境包括物质和精神环境，其中前者包括人工景观、建筑、流通系统、资源配置、废弃物处理设施等，后者包括文化、教育、科技、信息等。是人类经过对自然生态系统改造后形成的高度人工化的生态环境。人类自身所创造的人工环境也反过来支撑着人类的生存和发展。

第二，经济子系统。环境系统是经过活跃的经济社会生活和高度的物质信息生产过程所形成的。经济子系统主要是针对经济活动而言的，其具体包括人类进行的可以直接或间接产生经济效益的活动，可能涉及物质、能量、信息等方面的循环转化，包括物质生产、信息生产、流通服务及行政管理等。也涉及人类为满足各种社会需求而进行的各种活动，其中最基本的活动是为了满足生理需求所进行的活动，即维持人类正常活动所进行的消费活动。包括对日常生活用品，消费性物品及住房、交通、教育和医疗等。

## 5.1.2　环境保护与经济发展的作用机理

生境保护与经济发展的协同是各种因素相互促进、相互制约的复杂系统工程，这些因素包括：资源禀赋、空间布局、经济结构、人居环境等，这些因素的综合作用决定了高水平保护与高质量发展的协同是否合理。传统的粗放型经济发展理念中，经济系统被视为孤立系统，其游离于生态系统之外，在这种理念支撑下将产生经济增长无限性的错误思想，然而，实践证明，粗放模式追求经济无限增长的过程中，生态环境恶化现象逐渐凸显。生态环境的问题是指生态系统的失衡，是系统结构功能和过程的失调，包括资源利用效率低下、系统关系不和谐、系统自我调控能力低下。营造和谐共生的生态关系需要处理好自然环境与人类活动之间的相互响应，中局部与整体、近期与长远的人与人之间的关系；需要处理好经济发展与环境保护之间的协同关系。因此，协同推进高水平保护与高质量发展要深入探索环境保护与经济发展之间各要素的相互作用机理，以均衡环境保护与经济发展之间的关系。

第一，高水平保护推动高质量发展。生态环境保护作用于高质量发展的路径很多，主要有以下几个方面。首先，通过建立健全以生态价值观念为准则的生态文明体系，推进以产业生态化和生态产业化为主体的生态经济体系，加快建设现代化经济体系；其次，通过全面推进绿色低碳循环发展方式转变，对产业结构、资源利用、产品供给等要素进行低碳化、高效化、生态化改造，推动发展方式加快转变、经济结构不断优化、增长动力持续转换；再次，通过完善制度体系，包括制定更加严格的环境保护标准、实行更加严格的环保督察巡查、建立更加完善的排污许可制度等，充分发挥制度的驱动作用，推进建立清洁高效的绿色产业体系、绿色技术创新体系、绿色能源体系、绿色金融体系，倒逼经济结构优化和转型升级。

第二，高质量发展加速高水平保护。生态环境保护的成败归根到底取决于经济结构和经济发展方式。高质量发展所选择的发展路径和模式，都是有利于绿色生产生活方式加速形成的，对生态环境保护的制度建设、生态环境质量改善、环境治理能力现代化都起到了加速器的作用。首先，高质量发展要通过一系列生态环境保护制度的约束来解决环境过度破坏、资源无序开发的问题，推进经济结构和产业布局的合理化与平衡化，同时高质量发展目标任务的落地实施，需要地方政府制定涵盖生态环保在内的一揽子政策机制，地方立法、政策制定、规划编制、执法监管都需要进一步完善，这将加速推进态环境保护制度体系的建设；其次，高质量发展要改变依赖增加物质资源消耗、粗放扩张生产规模、发展高能耗高排放产业的发展模式，必须从转变经济发展方式、环境污染综合治理、自然生态保护修复、资源节约集约利用等方面着力，推动高质量发展过程正是生态文明建设融入经济社会发展的过程，在推动经济发展方式转变、经济结构优化、增长动力转换工程中，经济行为、人类活动将被限制在自然资源和生态环境承载能力之内，此外，高质量发展必然会促进技术创新，这将成为提升生态环境保护水平的重要支撑。

## 5.2　高水平保护与高质量发展的协同关系描述

### 5.2.1　高水平保护与高质量发展的协同关系表现

H. 哈肯提出的协同学中认为自然界可以通过自组织从无序状态中"自发地"产生有序性结构。社会系统是自然演化发展中的一个子系统，而发展系统也是社会发展系统中的一个子系统，因此，自然界的上述法则对社会系统同时起作用。"社会协同"也已成为协同学研究的新方向，通过研究社会系统中，各个子系统的自组织及由无序到有序的过程，是对社会加强有效管制的重要方法。在发展中，通过对生态、社会和经济子系统的无序状态的研究，探寻其内部的有序关联，可以最终实现结构和功能的整体飞跃。

生态环境保护与经济发展之间问题产生的根源在于人类以往发展和生活方式中存在的错误观念和失当行为及其长期积累的效应。主要表现在经济发展与环境保护两个子系统在发展过程中被视为相对独立性的子系统，并将其视为对立的两个方面，使得人类在促进经济发展过程中，忽视对资源环境的保护，甚至不惜以牺牲环境和资源破坏为代价换取一时的经济增长，导致经济发展与生态环境之间所表现出来的不协调现象越来越显著。在这种情况下，生态环境子系统对人类社会的影响程度不断加大，尤其是新时代人们对美好生态环境的需求日益升级，在一定程度上增加了人类社会对生态环境的依赖程度，决定了其在整个系统中无可厚非的重要作用。生态环境已经成为人类社会发展的主导因素之一，如果在协同系统中保持社会发展和经济系统发展的同时，保证健康的生态环境，就可能达到一个可持续的良性发展模式。因此，基于目前我国的发展模式，在协同系统中生态环境对人类社会影响与经济系统对人类社会的影响都非常重要。

环协同推进高水平保护与高质量发展需要在充分考虑生态环境、经济结构特征因素的基础上，以系统性、整体性和关联性为着眼点，实现环境保护与经济发展的良性互动与协同发展。从环境高水平保护和经济高质量发展的内在要求来看，两者之间的协同关系主要体现在微观层面利益主体间的协同、中观层面区域要素间协同、宏观层面发展目标的协同等几个方面。

第一，微观层面：利益主体的协同。根据利益相关者理论，协同推进高水平保护与高质量发展涉及不同的利益相关主体，主要包括政府、企业和公众。而不同的利益相关主体由于利益取向和要求不一样，所关注的焦点也不同，政府作为环境保护和经济发展的最重要利益主体，在环境治理活动中为其他利益相关者利益的实现起着掌舵者的作用。而对于政府本身而言，由于政府自身的公共性以及价值目标的多元化，所涉及的利益主体也呈现出多元化的特征，政府更加关注通过设计、形成和执行正确的政策引导、控制和规范利益相关者的行为，来实现以更少的能源消耗，更少的排放和更低的污染保证社会可持续发展，实现社会效益最大化；企业更加关注的可能是促进经济发展的政策而不是环境保护的政策；广大公众则可能更加关注优美的生态环境。要协同推进高水平保护与高质量发展，就可能造成特殊利益之间以及各个利益主体之间存在一定的利益差异与失衡。

因此，要通过利益协商、利益整合等方式将各利益主体之间的利益进行科学合理的分配，通过寻求各主体的利益平衡点推进利益相关者形成良性合作伙伴关系，形成"利益整合型"的协同治理模式，可以通过建立利益分享和利益调节机制、建立系统的利益协商机制、建立信息共享机制和协同治理平台、统一利益目标、明确各利益主体之间的权责义务关系等措施来实现高水平保护与高质量发展共赢，确保多元利益主体参与的高水平保护与高质量发展协同治理有序进行。

第二，中观层面：区域要素协同。要素在区域间的自由流动，不仅可以提高要素流出区域的要素收益率与要素流入区域的劳动生产率，通过提升要素配置效率产生"协调性集聚"，而且可以打通先进地区和落后地区之间的市场通道、降低交易成本，通过市场整合的"扩散效应"推动区域之间的协同发展。协同推进高水平保护与高质量发展，需要打破地域限制，破除要素流动壁垒。形成要素自由流动的统一有序的大规模市场，共同培育资源交易自由化的公平开放的市场环境，通过区域之间的协同发展。从经济高质量发展的角度来看，要打破各行政区域各自为政的分割状态，将行政区域之间的经济要素聚合成为开放型的区域经济，全面营造公平竞争、规范有序、充满活力的区域市场环境，形成能够适应经济高质量发展的大规模的市场优势，引导土地、劳动力、资本、技术、信息等要素在区域间自主有序流动和资源交易自由化，实现物质要素价值的充分发挥与资源在整个市场范围内的最优配置，为区域经济发展创造新优势、提供新动能。从环境高水平保护角度来看，区域之间的环境协同治理有利于拓展生态空间、扩大经济容量，实现区域资源的高循环和污染治理的高效率，有利于提高环境治理主体间的开放合作意识，促进环境管理部门职能的协调与统筹，实现区域环境治理的整体性和关联性，要从区域协同推进高水平保护与高质量发展的角度出发，将区域间的生态、经济和社会有机结合起来，建立多部门横向联合治理模式，形成面向高水平保护与高质量发展协同共进的综合治理机制。

第三，宏观层面：发展目标协同。环境高水平保护和经济高质量发展相协同的首要目标是实现社会经济的绿色发展，要并围绕这一主题，推动体系中的主体对象合理运用相应的方法措施将绿色发展理念落实到客体产业对象、空间对象与社会对象中去，达到推进环境高水平保护和经济高质量发展的目的。从生产环境保护的角度来看，生态良好是高质量发展的普遍形态。工业主导型的发展模式对生态环境的破坏不可避免，生态环境高水平保护面临的重大挑战之一就是在保证经济快速增长的同时生态环境能够健康协调发展。尤其是在我国工业化进程中，以工业为主导的产业结构严重制约了环境高水平保护。因此，要加快产业结构转型，实现环境保护与经济发展之间的协同运作，这需要转变当前依赖能源消耗型的传统工业化格局，推进传统产业结构的转型，推进新兴产业和服务业的发展。实现生产加工型企业内部的循环工艺改造，提高资源及能源的利用效率，提高微观经济系统的生产效率，发展循环经济，减少经济活动对生态环境干扰的污染源。培养绿色消费意识，扩大绿色节能产品的宣传与使用，以实现经济与生态的融合，减少污染。从经济发展的角度来看，要就快经济结构的转型升级，促进生态格局平衡。环境高水平保护是一种具有可持续特征的综合发展模式，其内容不仅包括生态保护、污染整治、节能减排等方面，还涵盖了绿色消费理念、产业结构转型、新能源技术的利用等多方面。当前，对于环境高水平保护给予了高度重视，但这同时又引发了另一个问题，就是很多地方过分注重环境保护，而忽视了经济发展、城乡整体规划等，这就导致了整个系统发展并不均衡。因此，需要着眼于环境高水平保护与经济高质量发展的目标，协同推进高水平保护与高质量发展目标的实现。

## 5.2.2　环境保护与经济发展的协同模型描述

协同机制是在协同论的基础上，对系统包含的子系统的系统关系及协同规律进行研究的框架体系。研究协同机制时首先需要构建协同模型，通过研究系统内各个子系统之间的作用关系与影响效应，试图寻找到系统之间的内部中间环节，但却起着决定性作用。环境保护和经济发展协同追求横向和纵向合作，目的是整合相互独立的各种组织以实现所追求的共同目标。因此，结合上文分析，可以认为，环境保护和经济发展的协同是实现自组织从一种序状态走向另一种新的序状态，并使系统产生整体作用大于各子系统作用力之和。具体而言，就是指在面临严峻的资源环境和气候问题的状态下，以协同思想为指导，综合运用各种治理措施，使系统内部各子系统按照协同方式进行整合、形成协同的行为方式，实现它们之间的优化组合与配置，从而使系统的整体功能和作用大于各子系统作用力之和。

环境保护与经济发展的协同推进取决于两方面的作用，一是子系统之间无外力干预的自组织协同，二是人为地施加外力的被组织协同。可以借助如下模型对环境保护与经济发展的协同过程进行描述：系统的微观描述可以用一组一阶时间导数的常微分方程来表达，有多少个描述系统状态的变数，方程组的方程就有多少。为简单起见，在此将环境和经济视为两个子系统：子系统 A（环境）和子系统 B（经济），把两个子系统的整体运作看作是一个变数，在此基础上，来建立协同推进环境保护与经济发展的自组织模型。

假设子系统 A（环境）和子系统 B（经济）最初是两个没有发生任何联系的系统，可以分别用状态变量 $s_1$ 和 $s_2$ 来描述他们自身与外部环境相互作用的状态，其中 $\dfrac{ds_1}{dt}$、$\dfrac{ds_2}{dt}$ 的一阶导数分别表示 $s_1$ 和 $s_2$ 随时间的变化率。

这两个状态变量的演化方程如下：

$$\begin{cases} \dfrac{ds_1}{dt} = N_1(s_1) \\ \dfrac{ds_2}{dt} = N_2(s_2) \end{cases}$$

假设子系统 A（环境）和子系统 B（经济）分别有一个稳定的状态，符合 $s_1$ 和 $s_2$ 的描述。为了便于分析，可以认为子系统 A（环境）和子系统 B（经济）在没有发生耦合之前都分别处于相对稳定的状态，假设这个稳定状态为：$s_1 = 0$ 和 $s_2 = 0$。

随着子系统 A（环境）和子系统 B（经济）在可持续发展方面所面临的形势越来越严峻，将改变原有相互对立的局面，寻求相互之间的平衡与协调，此时两个子系统之间发生了耦合关系，用函数 $G_1$ 和 $G_2$ 来描述。这样，子系统 A（环境）和子系统 B（经济）的协同将产生一个新的状态 $s_1 + s_2$，总系统的组分数目也由原来的两个增加为三个，形成新的系统，此时状态变量的演变方程如下：

$$\begin{cases} \dfrac{ds_1}{dt} = N_1(s_1) + G_1(s_1, s_2) \\ \dfrac{ds_2}{dt} = N_2(s_2) + G_2(s_1, s_2) \end{cases}$$

以上联立方程组可以改为如下单一矢量方程。

$$\frac{ds}{dt} = N(s,\xi)$$

其中

$$s = \begin{Bmatrix} s_1 \\ s_2 \end{Bmatrix}, N(s,\xi) = \begin{Bmatrix} N_1 + \xi G_1 \\ N_2 + \xi G_2 \end{Bmatrix}$$

$\xi$ 的取值范围为 0 到 1 之间，在总系统中代表子系统 A（环境）和子系统 B（经济）间的耦合程度，也即两个子系统之间协同治理的自组织程度。$\xi$ 值为 0 时，说明子系统 A（环境）和子系统 B（经济）无耦合关系，$\xi$ 值越靠近 1，说明子系统 A（环境）和子系统 B（经济）的耦合程度越深，自组织程度也更深，它的变化可以导致方程组出现新的稳定解 $s \neq 0$，如果两个子系统彼此的良性联系增强，那么它们之间的协同程度就增加。

## 5.3　高水平保护与高质量发展的协同机制构建

环境保护与经济发展在系统框架中具有既相互促进又相互制约的协同关系，然而，两者的协同关系又存在动态性、自组织和高度的复杂性。只有构建有效的协同机制，才能促进高水平保护与高质量发展协同关系的形成、实现共赢发展并确保两者协同机制作用的有效发挥。

### 5.3.1　协同形成机制

在整个社会系统中，经济高质量发展与环境高水平保护很多情况下并非同步，尤其是在经济社会发展的早期，两者的协同关系并未形成。依据 Papport 和 Friend（1979）提出的压力-响应模型，生态环境的响应是在压力作用到一定程度的产物。压力-响应模型在环境保护与经济发展领域得到了广泛的应用。在工业革命之前，压力-响应模型的应用主要集中在一系列诸如自然灾害、生产环境恶劣等不可控类型的压力上。随着工业化进程的不断推进以及人类生成生活行动对环境影响的广度和深度日益加强，压力-响应模型将施加于自然界的所有人类活动的压力，包括物理的、化学的和生态的压力，均考虑到模型框架中。基于对产生压力的人类活动同自然、社会和环境状态的变化之间可感知的因果关系，人类开始采用适当的响应，即环境保护,通过环境高水平保护来应对压力和影响。

环境高水平保护是工业化进程中的必然产物,也是人类对来自于环境污染、生态破坏等压力的合理响应。从系统演进的角度来看,环境保护与经济发展之间协同关系的形成需要综合发展系统内部经历一系列的系统涨落后达才能达到平衡态。协同机制的形成由系统无序的自组织过程而形成,但自组织过程也受到系统内部及系统外部动因的合力作用,基于此,环境保护与经济发展两者协同关系的形成需要驱动因素、形成条件以及各方主体参与等共同作用。

第一,从协同形成的驱动因素来看,环境高水平保护与经济高质量发展具有互补性、互利性,协同推进环境高水平保护与经济高质量发展的基本目标有两个,经济发展高效与生态环境和谐。经济高效与生态和谐两者是相辅相成的两个侧面,"高效"要求的是发展速度和质量,而"和谐"要求的是平稳的发展状态。在人类社会发展进程中,人们对物质和精神生活的内在需求已成为拉动环境保护与经济发展形成协同关系的内部动因,其中,高质量发展将促进发展高速、高效、高质;而高水平保护将促进人类与自然的和谐共生。另外,经济社会发展的外部环境及国家宏观调控也是协同机制形成的重要基础动因。通过环境保护与经济发展协同机制的形成,可以充分提高物质能量利用效率,优化人居环境,使综合效益最高,并促进社会、经济、环境得到协调发展。

第二,从协同形成的综合条件来看,经济高质量发展催生了环境高水平保护,这是两者协同机制形成的基础。环境高水平保护与经济高质量发展的协同推进需要以和谐共生、循环再生、持续自生为基本原则,统筹考虑政治、经济、社会、文化等各种功能,通过对要素流、能量流、信息流、价值流等要素进行适当调节与控制,实现环境保护与经济发展高度的有序化,并保持经济发展和环境保护行为者能够对人类经济活动、能源利用、工农业生产等产生的压力有积极响应。基于协同学理论的基本思想,环境子系统和经济子系统之间相互关联且会产生自组织过程,因此,环境保护与经济发展经过长期演化,必将实现两者之间"协同发展"的动态整合,建立"竞争-合作-协调"的协同运行机制,实现资源的高效利用、优化配置及经济发展的高质高效的同时优化人居环境、自然与人类的和谐关系。高质量发展是以生态环境和谐共生为重要特点的发展模式,而高水平保护也需要经济基础作为支撑,只有具有强大的经济实力作为后盾,才能加快建设应用于环境高水平保护必需的公共基础设施和环境治理设施等,才能更好提高环境污染治理效率。

第三，从协同形成的参与主体来看，协同环境高水平保护与经济高质量发展需要考虑各个参与主体的意向，这是环境保护与经济发展协同机制形成的关键。政府行为、企业行为与公众的个体行为会直接影响到的发展方向。政府作为在协同推进环境高水平保护与经济高质量发展中发挥主导作用的主体，扮演着的主要倡导者、建设者、决策者和管理者的角色，不仅要在环境高水平保护过程中提供绿色公共产品，在经济高质量发展中提供基础条件，还要加强居民环保意识培育，同时也要引导社会个体积极参与。政府发挥功能产生的效果会直接影响环境保护与经济发展之间的协同程度，因此，在环境保护与经济发展协同形成阶段，需要充分发挥政府职能的导向作用。同时，政府主导功能的发挥离不开企业、私人部门等的合作。企业也是环境保护与经济发展协同机制形成的重要主体。虽然企业行为因其通常以追求利润最大化为目标不一定符合生态经济要求，但是，企业为基础设施、公共服务提供了支撑条件，一定程度上也改善了人们的物质生活水平，企业发展的溢出效应使得其承担更多的社会公益责任，其发展和生存都离不开整个社会经济的发展，因此企业参与环境高水平保护也有义不容辞的责任。公众个体是经济高质量发展的重要人力资源，同时，环境高水平保护离不开社会公众的自觉参与和维护。在维护环境与经济发展的协同关系中每个公民个体自身的行为都会产生极大的作用。政府、企业和公民社会三者之间相互作用，互相影响，共同作用于环境保护与经济发展协同作用的形成。在现实社会生活中，发展寻求最优结果的关键就在于寻求政府、企业和公民社会三者效能最大化的结合点。因此，促进高水平保护与高质量发展两者的协同形成，需要同时考虑到政府、企业和公民社会三者间的联结互动。

## 5.3.2　协同运行机制

协同运行机制是在考虑系统各个组分的基础上，在遵循系统运行规律和要素协同规律的基础上，通过一系列的机制设定，促进系统内部的协同效应产生，因此。协同运行机制是通过一系列的制度安排，促进协同作用的实现及协同效能的发挥，该机制是维持系统内部有效协调的重要措施。

第一，微观层面要建立提升利益协同度的机制。高水平保护与高质量发展的协同运行需要共同发挥政府、企业、公众等多元主体之间合作治理的作用，实现治理方式的科学化、治理结构的合理化以及治理过程的民主化。要充分发挥政府职能的导向作用，提供政策支持和执行支持，中央政府在更大范围上主导宏观调控和制度建设以加强政策支持力度，地方政府则根据自身特征确定协同发展路径和模式，加大配合和执行力度。同时，还要增加不同利益主体之间的沟通与协调，加大引导激励企业、公众等社会力量、参与协同推进高水平保护与高质量发展的力度，引导企业转变经营理念，倡导企业"生态"文化的新要求，引导社会公众生态观念和意识的广泛形成，积极主动参与生态环境保护实践，最终形成一个利益格局均衡的协同关系。

第二，中观层面要建立推进区域协调发展的机制。针对区域发展动力的差异化，构建优势互补的区域协同发展机制。增强区域的协同发展能力，形成多个能够带动高质量发展的新动力源，完善空间治理，分类精准施策，产业和人口向优势区域集中，强化集聚和辐射力。注重区域间的协调、协同，增强重要生态功能区在生态安全方面的功能，在发展中促进相对平衡。实施跨区域产业合作推进机制。优化产业布局，完善全域系统的产业链供应链，推动跨区域产业联动循环发展，推进产业有序转移、产业链对接。积极推进区域绿色工厂、绿色生态工业园区改造建设，聚焦高端、高质、高新，培育"新经济""数字经济"等，着力构建区域绿色发展产业体系，打造区域间经济利益与生态利益共同体。

第三，宏观层面要建立生态产品价值实现的机制。按照生态系统的特征谋划功能空间和策略，增强生态功能区的生态责任与发展权益。让生态环境与劳动力、土地、资本、技术等要素一样，成为现代经济体系构建的核心生产要素，使生态产品进入生产、分配、交换、消费等社会生产全过程。明晰生态资产所有权的主体、规范生态资产和生态产品的收益权、使用权，建立有效的生态资产和生态产品产权制度，建立绿色金融的鼓励体系，探索对生态产品、绿色信贷扶持机制，建设生态产品和生态资产交换平台，寻求维护良好生态环境、促进生态产品的价值实现的有效路径和模式，逐步将生态产业培育成推动高质量发展的新动能和新增长点

### 5.3.3　协同保障机制

为保障环境保护与经济发展协同机制的有效实施，需要采用一系列行之有效的保障机制，以确保系统协同运行的持续性，并且可以确保系统协同效能的最大程度发挥。

第一，强化顶层统一规划和指导。协同推进高水平保护与高质量发展

是新时代我国经济社会发展的战略重点，也是顺应人民群众追求更加美好生活的需要，需要由中央政府部门统筹谋划、合理定位、有序推动，明确提出针对性指导意见，制定发展规划，各级地方政府要建立由协同推进高水平保护与高质量发展领导小组办公室牵头、各部门共同参与的协调机制。依托协商合作机制平台，建立健全地方之间、央企之间、央地之间的协调机制，共同研究解决协同推进高水平保护与高质量发展中的重大事项。要以党的十九届四中全会提出的国家治理体系和治理能力现代化为遵循，加强生态文明领域的制度建设，逐步构建起法治化的立体制度体系，利用 5G 技术等现代信息技术更好促进生态环境保护制度的衔接统筹，以法治化、智慧化、信息化举措促进生态环境治理能力和治理水平不断提升。加强生态补偿制度与自然资产审计、自然资源资产负债表等相关制度的有效实施，实现高水平保护与高质量发展的共赢。

第二，健全绿色金融政策支持体系。金融资源作为社会生产活动的基本要素，是现代经济的核心，是国民经济的命脉。为社会经济发展输入血液、增加后劲，是环境高水平保护和经济高质量发展的重要推动力。绿色金融作为金融体系的重要组成部分，对环境高水平保护起到了中重要作用，需要对其进行不断地深化和完善。中央政府可以考虑建立有关促进生态型发展的中央专项基金，中央财政应对地方政府生态型规划与发展的实践过程中给予支持，同时地方财政也要积极确保向环境高水平保护相关领域倾斜，更多地在生态产品的提供、社会组织的沟通协调、社会与政府共创生态治理机制、区域生态的合作等层面上投放资金。健全节能环保、清洁生产、生态产业的财政激励和税收优惠政策，加大能源重点领域和关键环节的科技研发和推广应用的财税政策支持力度。完善绿色金融标准体系，鼓励金融机构参与发行绿色信贷、绿色债券、绿色债券等产品，以市场化融资手段推进环境的高水平保护和经济的高质量发展。

第三，建立科学合力可行的评价体系。绩效考核指标表现的是一个政府对于该行政区域发展方向的确定，要着眼高水平保护与高质量发展的协同推进成效，制定科学合理的考核评价指标体系。转变从前以 GDP 为核心的绩效评价考核思路，引入一些资源利用、能源节约和生态保护的指标，与此同时，针对不同的区域和不同的，同时，地方政府还要善于变通，根据实际情况进行合理的差异化定位，不同的功能区域要根据具体情况设定合适的考核机制，除了经济指标以外，还要强化经济结构、资源消耗以及污染物排放等因素的评价以及强调环境质量的保持，需要综合评价经济增长与环境保护的协调水平，力图消除传统经济发展中的单一考核经济指标的弊端，建立一个囊括经济发展、生态环保以及可持续性在内的具有综合性的考核指标体系。

第四，完善法律法规保障机制。要加快推进生态环境保护方面的立法进程，以绿色、安全、高质量发展为取向，加强绿色发展的地方立法工作，因地制宜制定出台系列地方性法规和政府规章。创新和完善环境承载力监测评价预警等机制，鼓励公民环境诉讼，以保障法律有效"落地"。进一步弥补现有生态环境保护领域的法律盲区及规范模糊区间，将法规界定的政务信息公开的范围及内容确定化透明化，并且针对地方政府"因地制宜"解读法律的现状在某些问题上对其自由裁量权可浮动区间和可公开政务信息的上限与下限进行设定，减少信息不公开和解读的随意性，促进生态环境保护和经济发展协调共进的规范化、制度化和程序化。同时，还要提升环境执法监督机制。加大联合环境执法监督力度，依托大数据平台，综合运用视频监控、GPS定位等现代信息技术，实现环境执法监督生态数据和应用管理规范化、生态治理透明化，确保高水平保护与高质量发展的协同并进。

## 5.4　本章小结

在协同系统中，生态环境和经济发展是紧密关联、相互作用的两个子系统。环境高水平保护是针对生态环境子系统进行的一系列活动与举措，是为了不断的降低经济子系统对环境损害的同时，增强生态环境承载力和构建和谐人居环境，因此，环境高水平保护也是生态环境系统不断完善和良性循环的重要动力。经济高质量发展是环境高水平保护的重要支撑。协同推进高水平保护与高质量发展需要在充分考虑生态环境、经济结构特征因素的基础上，以系统性、整体性和关联性为着眼点，实现环境保护与经济发展的良性互动与协同发展。环境保护与经济发展在系统框架中具有既相互促进又相互制约的协同关系，而两者的协同关系又存在动态性、自组织和高度的复杂性。只有构建有效的协同机制，才能促进高水平保护与高质量发展协同关系的形成、实现共赢发展。为保障环境保护与经济发展协同机制的有效实施，需要强化顶层统一规划和指导、健全绿色金融政策支持体系、建立科学合力可行的评价体系、完善法律法规保障机制，通过采用一系列行之有效的保障机制，以实现系统协同运行的持续性，并且可以确保系统协同效能的最大程度发挥。

# 第6章　协同推进高水平保护与高质量发展的效率评价

效率评价本身并不是最终目的，而是有助于实现特定的治理目标，应根据不同的效率评价目的与不同的评价结果使用者，选择不同的方法与标准。科学的评价方法和标准是实施协同推进高水平保护与高质量发展的效率评价的关键环节。环境和经济效率评价的方法很多，包括 DEA 数据包络分析法、平衡计分卡方法、模糊综合评价法、BP 人工神经网络模型法等等，且都得到了广泛的应用。其中，DEA 方法在能源环境效率评价方面显示出独特优势，被学者们广泛应用于环境治理效率的评价。本研究结合协同推进高水平保护与高质量发展的特点，在对评价体系和评价方法进行梳理的基础上，选择 DEA 方法作为基本方法，构建本文的效率评价模型。同时，在绿色发展理论和协同理论架构内，来确定协同推进高水平保护与高质量发展的效率评价标准。

本部分共分为 4 节，第 1 节对环境和经济效率评价中比较常用的评价体系进行梳理和分析；第 2 节在对 DEA 方法的基本思想进行介绍的基础上构建本文的评价模型；第 3 节在绿色发展理论和协同理论架构内，确定协同推进高水平保护与高质量发展的效率评价标准。

## 6.1　协同推进高水平保护与高质量发展效率的评价体系

### 6.1.1　基于投入-产出-结果-影响模型框架的评价体系

投入-产出-结果-影响模型框架，即 IOOI 模型，是经济学领域用于评价环境治理的一项重要工具。该模型是 21 世纪初欧洲环境署在项目周期框架的基础上开发而成，以项目实施的投入成本与产出效益为基本逻辑，对环境治理成效进行评价。在 IOOI 模型中，系统运行过程的投入、产出、结果、影响等要素的逻辑集合称为组织的价值链。在协同推进高水平保护与高质量发展过程中，"投入"是指各参与主体在协同治理中的支出，包括资金、技术、人力、政策等；"产出"是指各参与主体在协同治理方面的产品和服务，如生活垃圾无害化处理率、政府购买的环境治理产品与服务等；"结果"是指协同治理行为短期内取得的效果，如污染物排放的减少、经济发展的高效等；"影响"指的是长期影响，比如生态环境的整体性改善、经济的可持续高质量发展等。IOOI模型对各个环节进行了清晰的划分，能够直观地观察协同的效果和影响。

## 6.1.2　基于经济-环境-社会三成分模型的评价体系

在许多关于生态环境治理的文献中，社会、经济和环境总是被视为三个不可分割的闭环链，用来表示一种测度与社会、经济和环境参数相对应的协作行为的框架。所设置的测度指标体系直接关系到经济、环境和社会可持续发展的三个维度。经济-环境-社会三成分模型已经被许多环境绩效研究机构和政府所认可，该模型不是基于一个连续的概念框架，而是一系列反映不同领域的主题指标。总的来说，这些指标并不是相互关联的，系统也比较复杂，这一评价模型在加拿大阿尔伯塔可持续发展指数和西雅图可持续发展指数体系等评价体系中均有体现。

## 6.1.3　基于压力-状态-响应模型的评价体系

压力-状态-响应模型，即PSR模型，是经济合作与发展组织（OECD）与联合国环境规划署（UNEP）共同开发的可持续发展指标体系的概念模型，20世纪70年代由加拿大统计学家AnthinyFriend首次提出。20世纪90年代OECD所构建的"OECD环境行动回顾的核心指标体系"便是基于PSR框架的延伸与拓展，也是PSR模型首次在实践中的运用。PSR框架是根据人类活动对环境的压力来改变自然资源存量及其状态来设计的模型。基础逻辑是，为了最大限度地减少人类活动对自然生态环境所造成的损失，将根据现实变化情况，有针对性地提出应对措施，旨在一定程度上缓解人类活动对自然生态所造成的压力。在这一基础逻辑之下，包括压力、状态和响应指标的可持续发展指标体系较为系统地回答了人类社会面对生态环境问题的政策分析思路。这三类指标并不是完全孤立的，而是有内在的逻辑联系。自然资源的消耗和人类活动对环境的影响在生存和发展过程中会对自然状态造成一定的显性或隐性的"压力"，如绿地减少，耕地退化、水质恶化等；过度使用化肥、农药等可能造成土壤或地下水污染的问题。这些压力将使得自然资源与生态环境原有的"状态"发生改变，而这种"状态"

的改变一方面威胁到人类的生存，同时也将要求改变的信息传递给人类社会。因此，为了生存和发展的可持续性，人类社会必须采取一些措施来限制人类活动和优化自然资源配置，以此积极"响应"自然环境"状态"的改变。PSR 框架不仅能反映实际情况，而且具有较强的可操作性，世界银行等权威机构在进行环境绩效评估时，均采用了这一概念模型。

## 6.1.4　基于驱动力-状态-响应模型的评价体系

驱动力-状态-响应模型，即 DSR 模型是 20 世纪 90 年代末期由联合国可持续发展委员会（UNCSD）提出的，是对 PSR 模型框架的优化和延伸。DSR 与 PSR 模型框架的主要区别在于，DSR 模型运用"驱动力"（DrivingForce）指标代替了后者的"压力"（Pressure）指标。这里"驱动力"不再只是单纯的人类活动，而是考虑人类活动与环境状态改变的相互作用所产生的"状态"变化。因此，这里的"驱动力"指标较之前"压力"指标的涵盖范围更加广泛，可以涵盖人类生产技术、经济增长、社会文化、人口结构变迁导致的人类生产生活方式的改变等一系列变量，从而将对环境状态的描述从环境本身延伸至表征社会、经济和非制度等方面。

## 6.1.5　基于驱动力-压力-状态-影响-响应模型的评价体系

驱动力-压力-状态-影响-响应模型，即 DPSIR 模型框架也是 20 世纪 90 年代 OECD 还提出的，并被欧洲环境署（EEA）作为构建环境质保体系的主要模型加以广泛应用。由于用"状态"类的指标对环境变化进行描述过于笼统，无法系统性地反映人类活动对生态环境所造成的外部性影响，DPSIR 模型对 DSR 模型进行了进一步优化，加入了"影响"这一指标，以更加清晰地显示环境的变化与人类生活的强相关性影响。总体而言，相较于 PSR 和 DSR 模型，DPSIR 模型更细致地揭示了生态环境与人类活动之间的关系，即社会经济"驱动力"对经济、生态环境安全造成"压力"，引起原有发展"状态"的改变，进而"影响"人类活动，最终促使一系列"响应"措施，以此构成了完整的因果链。

将 DPSIR 模型置于协同推进高水平保护与高质量发展的框架下，"驱动力"是协同发展的最原始驱动因素，是指环境变化和经济结构调整的潜在原因。它是对人类经济社会发展、人口增长等生产生活方式变化的描述，以推动生态保护和经济发展。"压力"则是指人们在生产生活活动中对自然资源的消耗和利用、污染物的排放、自然环境和人类日常生活改变环境所造成的威胁和压力。或者说这种"压力"来自于社会经济发展过程中相关产业发展及各种经济活动以及与之对应的生活消费形式对生态环境所造成的外部性影响。"状态"类指标是指特定时间和区域范围内的生态环境在压力作用下的现实状况的相关指标。"影响"类指标是指生态环境变化对社会经济和人类生活的影响应对措施的相关指标。"响应"类指标主要包括人类为防止、减少、缓解和适应环境变化所采取的对策类指标,主要是通过有关部门采取的经济、政治、技术和法律等宏观调控管理制度,通过加大对生态保护技术的投入,增强科研能力,加大执法力度等方式,减轻环境破坏压力,促进生态环境建设,打破环境—经济二元魔咒,实现生态持续改善与经济持续发展双赢。虽然 DPSIR 框架在我国引入较晚,但随着人们对生态环境的关注,相关研究呈现出逐年递增的趋势,并广泛应用于资源环境等方面的评价。

## 6.2  协同推进高水平保护与高质量发展效率的评价模型

协同推进高水平保护与高质量发展的效率评价的方法很多,DEA 方法在能源环境效率评价方面显示出独特优势,被学者们广泛应用于协同推进高水平保护与高质量发展的效率的评价。本研究结合协同推进高水平保护与高质量发展的特点,选择了 DEA 方法作为基本的评价模型。

### 6.2.1  DEA 的基本思想和基础模型

经济学注重投入产出效率的思想仍是分析协同推进高水平保护与高质量发展的效率的基本理论依据之一。对协同推进高水平保护与高质量发展的效率的评价,关键就是要定出各指标的权重,这个定权过程主要存在两个难题:①从性质来讲,协同推进高水平保护与高质量发展的效率,是一个多维输入、输出问题,因此需要用多个指标来衡量,而这些指标各自又有不同的量纲,如何将这些不同量纲的指标进行综合定权非常困难。②由于地理位置,资源环境禀赋、经济条件、政策导向等差异,各地方在环境治理中都会有属于自己的特性或优劣势,因此很难定出一个统一的合理权重来评价所有协同推进高水平保护与高质量发展的效率。

由于 DEA 方法在环境治理绩效评价方面显示出独特优势,首先,DEA 方法在对组织效率进行评价时无须预先给出权重;其次,DEA 模型是一种相对效率评价方法，在处理多投入多产出时具有明显优势，而且对投入产出指标量纲不作要求；最后，DEA 模型求解的是帕累托（Pareto）最优，各被评价单元在确定指标权重时会根据自己的特点突出自身优势（做得好的指标权重会较大），而非所有被评价单元采用统一权重。

### 1. DEA 的基本思想

数据包络分析（Data Envelopment Analysis，简称 DEA）是由著名的运筹学家 A. Chames 和 W.W.Cooper 等学者于 1978 年提出的，用于评价具有多个输入和多个输出的决策单元（Decision Making Unit，DMU）之间的相对效率的一种非参数方法。DEA 方法以相对效率为基础，通过构建最优的生产前沿面，来判定具有同种类型的多输入和多输出的 DMU 是否技术有效和规模有效的非参数估计方法。DEA 方法的研究对象是一组同质的决策单元，采取的是前沿产出准则。DEA 的基本特点是不需要知道被评价单元的具体生产函数，只需通过对各决策单元的数据进行投影，通过线性规划构建虚拟的 DMU 就能得到生产可能集的"生产前沿"，然后通过某种测度测量其实际 DMU 到生产前沿的距离，就能判断被评价单元的有效性，得到被评价单元的效率得分。也就是说，当 DMU 在生产前沿面上时，该 DMU 是相对有效的；反之，则不是相对有效的。

如果用图示的方法来描述 DEA 方法的基本思想，如图 6.1 所示。假设某运作系统的投入为 $X_1$ 与 $X_2$ 两种资源，产出为 Y。同时在产出为 Y 的情况下，$X_1$ 与 $X_2$ 有不同的投入比例，如图中的 A、B、C、D 所示。SS 为等产量组合线，即为生产前沿面，B、C、D 位于生产前沿面上，而 A 位于前沿面内，A 与原点的连线相交于 A'，A 与有效生产前沿的距离可用 OA'/OA 来表示，这一比值就代表了 A 的有效程度。

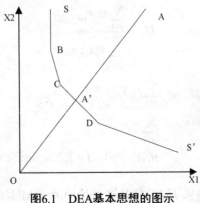

图6.1　DEA基本思想的图示

### 2. 经典 DEA 模型

（1）CCR DEA 模型。

CCR DEA 模型是 Charnes, Cooper 和 Rhodes（1978）提出的对多投入、多产出运作系统进行相对效率评价的比值（Ratio Form）模型。如图 6.2 所示，对于一个多投入、多产出的运作系统，假设有 $n$ 个 DMUs，每个 DMU 有 $m$ 个投入要素，$s$ 个产出要素，$\mathrm{DMU}_j$ 的投入、产出向量分别为：

$$x_j = (x_{1j}, x_{2j}, ..., x_{rj})^T > 0, \quad j = 1,..,n \ 和 \ y_j = (y_{1j}, y_{2j}, ..., y_{sj})^T > 0, \quad j = 1,..,n$$

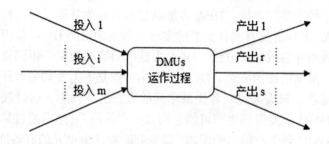

图6.2　多投入-多产出的运作系统

要对以上多投入、多产出运作系统进行相对效率评价，就要将其综合成只有一个总输入和一个总输出的问题，这需要对每个投入和每个产出赋予合适的权重（假设 $x_j$ 的权重为 $v_i$，$y_j$ 的权重为 $\mu_m$）进行加权求和。这样，可以通过建立一个数学规划模型，使得每个 DMU 都可以选择对自己有利的权重，以保证自己的效率得分最大。基于此思路，Charnes 等（1978）提出如下 CCR DEA 模型：

$$
\begin{aligned}
Max \quad & H_0 = \frac{\sum\limits_{r=1}^{s} \mu_r y_{r0}}{\sum\limits_{i=1}^{m} v_i x_{i0}} \\[2em]
s.t. \quad & \frac{\sum\limits_{r=1}^{s} \mu_r y_{rj}}{\sum\limits_{i=1}^{m} v_i x_{ij}} \leqslant 1, \quad j = 1,2,\ldots,n \\[1em]
& \mu_r, v_i \geqslant 0, \quad i = 1,2,\ldots,m; \quad r = 1,2,\ldots,s
\end{aligned}
\tag{6.1}
$$

其中，目标函数 $H_0 (0 \leqslant H_0 \leqslant 1)$ 是被评价单元 $\mathrm{DMU}_0$ 的效率值，即产出的

加权和除以投入的加权和。令 $H_j = \dfrac{\sum\limits_{r=1}^{s}\mu_r y_{rj}}{\sum\limits_{i=1}^{m}\nu_i x_{ij}}$，$j=1,2,\cdots,n$ 为第 $j$ 个决策单

元 $\mathrm{DMU_j}$ 的效率评价指数，对于任意 $\mathrm{DMU_j}$，总可以选择对自己有利的一组投入权重向量 $\nu=(\nu_1,\nu_2,...,\nu_m)$ 和产出权重向量 $\mu=(\mu_1,\mu_2,...,\mu_s)$，使 $0 \leqslant H_j \leqslant 1,(j=1,2,...,n)$。且 $H_j$ 越大，表明 $\mathrm{DMU_j}$ 可以用更少的投入获得相对更多的产出。

对（6.1）式进行 Charnes-Cooper 变换，令

$$\tau = \frac{1}{\sum\limits_{i=1}^{m}\nu_i x_{i0}}\,,\quad w_i = \tau\nu_i,\quad u_r = \tau\mu_r$$

则有

$$\sum_{r=1}^{s}u_r y_{r0} = \frac{\sum\limits_{r=1}^{s}\mu_r y_{r0}}{\sum\limits_{i=1}^{m}\nu_i x_{i0}}\,,$$

$$\frac{\sum\limits_{r=1}^{s}u_r y_{rj}}{\sum\limits_{i=1}^{m}w_i x_{ij}} = \frac{\sum\limits_{r=1}^{s}\mu_r y_{rj}}{\sum\limits_{i=1}^{m}\nu_i x_{ij}} \leqslant 1,\quad j=1,2,...,n$$

$$\sum_{i=1}^{m}w_i x_{i0} = 1,\quad u_r,w_i \geqslant 0_\circ$$

则（6.1）可以变换成如下线性形式：

$$
\begin{aligned}
Max\ \ & H_o = \sum_{r=1}^{s}u_r y_{ro} \\
s.t.\ \ & \sum_{r=1}^{s}u_r y_{rj} - \sum_{i=1}^{m}w_i x_{ij} \leqslant 1,\quad j=1,2,...,n \\
& \sum_{i=1}^{m}w_i x_{io} = 1, \\
& u_r,w_i \geqslant 0,\ i=1,2,...,m,\ r=1,2,...,s
\end{aligned}
\qquad (6.2)
$$

模型（6.2）的对偶模型为：

$$Min \quad \theta$$

$$s.t. \sum_{j=1}^{n} x_{ij}\lambda_j \leqslant \theta x_{io}, \quad i=1,2,\ldots,m,$$

$$\sum_{j=1}^{n} y_{rj}\lambda_j \geqslant y_{ro}, \quad r=1,2,\ldots,s, \qquad (6.3)$$

$$\lambda_j \geqslant 0, \ j=1,2,\ldots,n.$$

模型（6.2）和（6.3）得到的目标函数的最优值是相同的，为了区别这两个模型，通常称模型（6.2）为 CCR 模型的乘数形式（Multiplier Form），模型（6.3）为 CCR 模型的包络形式（Envelopment Form）。引入松弛变量 $s^+, s^- \geqslant 0$，模型（6.3）可以变换成如下等价形式：

$$Min \quad \theta$$

$$s.t. \sum_{j=1}^{n} x_{ij}\lambda_j + s_i^- = \theta x_{io}, \quad i=1,2,\ldots,m,$$

$$\sum_{j=1}^{n} y_{rj}\lambda_j - s_r^+ = y_{ro}, \quad r=1,2,\ldots,s, \qquad (6.4)$$

$$s_i^-, s_r^+, \lambda_j \geqslant 0, \ j=1,2,\ldots,n.$$

若模型（6.4）的解 $u*, w*$ 满足 $H_0^* = \sum_{r=1}^{s} u_r^* y_{r0} = 1$，则称 $DMU_0$ 是

CCR 弱有效的（Weak CCR-Efficient）。若解中存在 $u* > 0, w* > 0$ 并且

$H_0^* = \sum_{r=1}^{s} u_r^* y_{r0} = 1$，那么称 $DMU_0$ 为 CCR 有效的（CCR-Efficient）或技

术有效的（Technical Efficient）。

当被评价单元 $DMU_0$ 的效率得分为 1（$H_0^* = 1$），且存在最优解 $u* > 0, w* > 0$ 时，说明在这 $n$ 个 DMUs 中，再也找不到其它 DMUs 可以用更少的投入达到 $DMU_0$ 的当前产出，那么，可以认为被评价单元 $DMU_0$ 相对其它 $DMU_j$ 是 DEA 有效率的。如果某 DMU 在选择对自己最有利的权

重的条件下，其效率得分仍然小于 1，那么该 DMU 就不能抱怨是因为评价方法预先设定的权重导致其优势未能得到显现。因此，DEA 模型在评价 DMUs 的相对有效性方面具有独特的优势。

（2）BCC DEA 模型。

CCR DEA 模型是基于规模报酬不变的假设，即对任一 DMU 增加投入，都会带来产出同比例的增加。但在实际生产活动中，DMU 的收益通常会随投入的不断增加体现出递增、不变和递减几个阶段的特征。基于规模收益可变的假定，Banker，Charnes 和 Cooper（1984）提出了 BCC DEA 模型：

$$Min \quad \theta$$
$$s.t. \quad \sum_{j=1}^{n} x_{ij}\lambda_j \leqslant \theta x_{io}, \quad i=1,2,\dots,m,$$
$$\sum_{j=1}^{n} y_{rj}\lambda_j \geqslant y_{ro}, \quad r=1,2,\dots,s, \quad (6.5)$$
$$\sum_{j=1}^{n} \lambda_j = 1, \quad \lambda_j \geqslant 0, \quad j=1,2,\dots,n.$$

模型（6.3）和模型（6.5）的不同之处在于，模型（6.5）多了约束条件

$\sum_{j=1}^{n} \lambda_j = 1$，以保证生产前沿面是由 DEA 有效 DMUs 的凸组合构成的，如

图 6.3 所示。

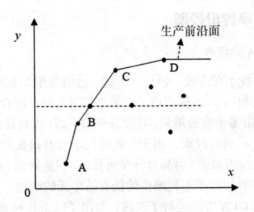

图6.3　单投入和单产出BCC模型的生产前沿面

模型（6.5）的对偶模型为：

$$Max \quad H_o = \sum_{r=1}^{s} u_r y_{ro} - u_o$$

$$s.t. \quad \sum_{r=1}^{s} u_r y_{rj} - \sum_{i=1}^{m} w_i x_{ij} - u_o \leqslant 0, \quad j = 1,2,\ldots,n \qquad （6.6）$$

$$\sum_{i=1}^{m} w_i x_{io} = 1,$$

$$u_r, w_i \geqslant 0, \ i = 1,2,\ldots,m, \ r = 1,2,\ldots,s, u_o 无约束$$

类似 CCR DEA 模型，若模型（6.6）的解 $u*, w*$ 满足

$$H_0^* = \sum_{r=1}^{s} u_r^* y_{r0} = 1,$$

则称 DMU$_0$ 是 CCR 弱有效的（Weak CCR-Efficient）。若解中存在

$$H_0^* = \sum_{r=1}^{s} u_r^* y_{r0} = 1$$

$$u* > 0, w* > 0 并且$$

那么称 DMU$_0$ 为 CCR 有效的（CCR-Efficient）或技术有效的（Technical Efficient）。因为 CCR 模型的效率得分被称为是技术效率( technical efficiency, TE )，所以为了与 CCR 模型的效率得分相区分，BCC 模型的效率得分被称之为考虑了规模收益可变情况下的纯技术效率（pure technical efficiency, PTE ）。

### 6.2.2 交叉效率评价模型

#### 1. 基于 DEA 的排序方法

随着 DEA 技术在高校、银行、医院、政府等组织效率评价中的应用，学者们发现直接利用 DEA 模型所求的效率值进行排序时存在一定的局限性。比如，同时出现很多个有效单元，导致分辨率不高；以自评为主，每个 DMU 都选择对自己最有利的权重，用于计算的权重系数只在对被评价单元自身最有利的特定范围内取值，容易过分突出长处、回避缺陷，产生表面上 DEA 有效，而在互评时却处于不利地位的伪有效单元的问题。针对这些问题，很多学者对传统 DEA 方法进行了改进，提出了以下几种方法：

（1）交叉效率排序法。

这是一种利用自互评相结合的评价方法计算每个 DMU 的交叉效率从而以交叉效率加以排序的方法，最先是有 Sexton 等学者提出的。

（2）超效率排序法。即在构造虚拟组合时，剔除掉被评价单元 DMU₀ 的数值，来构造前沿面，允许被评价单元的效率值大于 1，从而实现有效单元的充分排序的方法。Andersen 和 Petersen（1993）、Seiford 和 Zhu（1999）以及 Hashimoto（1997）对该方法进行了深入的研究。

（3）运用统计方法进行 DEA 排序。这是结合统计学中的相关分析、线性判别分析等先对 DMU 进行分类，再进行排序的方法。

（4）标杆排序法。标杆排序法最先由 Charnes（1985）等提出，其以 DMU 被无效的单元进行参考的次数来进行排序，参考次数越多，其排序越靠前。

（5）基于多目标决策方法的 DEA 排序方法。即在直接的 DEA 效率值不能对 DMU 进行充分排序时，结合多目标决策对其效率值进行进一步优化的方法。Thompson（1986）、Dyson 与 Thanassoulis（1988）以及 Cook（1993）等学者对其进行了研究。

在以上排序方法中，Sexton 等（1986）提出的交叉效率评价法得到了广泛的应用。

### 2. 交叉效率评价的基本思想

交叉效率评价方法是由 Sexton 等人在 1986 年针对传统 DEA 的局限性首先提出的一类用于评估排序的方法。它是一种自评和他评相结合的评价方法，即先通过传统的 CCR（BCC）模型求出 DMU$_k$ 的自评效率以及从自我角度最优的角度分配给各投入产出指标的权重值，然后再利用 DMU$_k$ 的最优权重计算 DMU$_k$ 对 DMU$_d$（d=1，…，n，d 不等于 k）的效率值。其交叉效率计算公式为：

$$E_{kd} = \frac{\sum_{r=1}^{s} \mu_r^k y_{rd}}{\sum_{i=1}^{m} \upsilon_i^k x_{id}}, k = 1,...,n; d = 1,...,n$$

其中，$\mu_1^k, \mu_2^k,...,\mu_r^k$ 和 $\upsilon_1^k, \upsilon_2^k,...,\upsilon_m^k$ 分别是运行第 k 个决策单元的 DEA 模型所得到的输出和输入权重，$y_{rd}$ 表示第 d 个单元的第 r 个输出，$x_{id}$ 表示第 d 个单元的第 i 个输入。$E_{kd}$ 为指标为第 k 个决策单元赋权情况下，单元 d 的效率分数。

由此构成一个 $n \times n$ 的交叉效率矩阵，其对角线的元素就是利用传统 DEA 模型计算 $DMU_k$ 时的最优解，表示自评价的过程；而其他非对角线上的数值，代表其某一单元以自身最有利的角度评价其余 n-1 个单元得到的交叉效率分数，体现的是他评的过程。

### 3. 三种策略下的交叉效率评价模型

交叉效率评价法由 Sexton 等（1986）首次提出，是一种将自评和他评相结合的评价方法。首先，通过传统的 CCR（BCC）模型求出 $DMU_k$ 的自评效率，从突出自身优势的角度给各投入、产出指标赋予最有利于自己的权重值，然后，利用 $DMU_k$ 的最优权重计算 $DMU_d$ 相对于 $DMU_k$（ $d = 1,2,...,n$ ， $d$ 不等于 $k$ ）的效率值。其交叉效率计算公式为：

$$E_{kd} = \frac{\sum_{r=1}^{s} \mu_r^k y_{rd}}{\sum_{i=1}^{m} v_i^k x_{id}}, k = 1,...,n; d = 1,...,n \tag{6.7}$$

其中， $v_1^k, v_2^k,...,v_m^k$ 和 $\mu_1^k, \mu_2^k,...,\mu_r^k$ 分别是 $DMU_k$ 的 DEA 模型所求得的投入出、产出权重， $y_{rd}$ 表示 $DMU_d$ 的第 r 个产出， $x_{id}$ 表示 $DMU_d$ 的第 i 个投入。 $E_{kd}$ 为 $DMU_k$ 赋权情况下， $DMU_d$ 的效率得分。

对每个 DMU，都按（6.7）式计算得到其效率值，可以构成一个 $n \times n$ 的交叉效率矩阵，该矩阵对角线上的元素，是通过传统 DEA 模型对 $DMU_k$ 计算出的最优解，这是被评价单元自评价的过程；非对角线上的元素，是某一被评价单元从对自身最有利的角度出发，对其余 $n-1$ 个被评价单元进行评价得到的效率得分，这是对被评价单元他评的过程。

交叉效率评价方法虽然弱化了传统 DEA 模型赋权过于极端的影响，但在求解线性规划模型的最优解 $(v^*, \mu^*)$ 时，权重解 $(v^*, \mu^*)$ 会出现不唯一的情况，因此必然导致交叉效率矩阵 $E_{kd}$ 的不确定性。因此，有学者从决策单元的竞争与合作关系角度采用不同的策略来加以优化与改善，提出了以下三种策略下的交叉效率评价模型。

（1）压他型策略。

该策略假定所有决策单元之间是一种完全竞争的关系。某决策单元 DMU 对其他决策单元进行评价时都站在敌对的立场，在保证自身效率最优的情况下，尽量使其他 $n-1$ 个决策单元的效率最小。具体模型如下：

$$\min \sum_{r=1}^{s} \mu_r y_{rd}$$

$$s.t. \sum_{r=1}^{s} \mu_r y_{rj} - \sum_{i=1}^{m} v_i x_{ij} \leq 0 \quad j=1,...,n$$

$$\sum_{r=1}^{s} \mu_r y_{rk} - E_k \sum_{i=1}^{m} v_i x_{ik} = 0$$

$$\sum_{i=1}^{m} v_i x_{rd} = 1, \quad d=1,...,n, \quad d \neq k$$

$$\mu_r, v_i \geq 0, \quad r=1,...s, i=1,...,m$$

（2）利众型策略。

利众型策略与压他型策略相反，体现的是一种完全合作关系，把所有的 DMUs 当做合作伙伴。在保持自身最优效率的同时，也最大化其他 $n-1$ 个 DMUs 的效率。于是，有如下规划模型：

$$\max \sum_{r=1}^{s} \mu_r y_{rd}$$

$$s.t. \sum_{r=1}^{s} \mu_r y_{rj} - \sum_{i=1}^{m} v_i x_{ij} \leq 0 \quad j=1,...,n$$

$$\sum_{r=1}^{s} \mu_r y_{rk} - E_k \sum_{i=1}^{m} v_i x_{ik} = 0$$

$$\sum_{i=1}^{m} v_i x_{rd} = 1, d=1,...,n, d \neq k$$

$$\mu_r, v_i \geq 0, r=1,...s, i=1,...,m$$

（3）中立型策略。

该策略中被评价单元 $DMU_k$ 对其它 $n-1$ 个 $DMUs$ 可能持敌对或友好的态度。在这种决策单元之间存在合作与竞争关系的情况下，通常要先按照一定的标准对所有的 $DMU_s$ 进行分类，假设分为 $R$ 类，则各决策单元的集合可记为 $S_l(l=1,2,...,R)$。处于同一类中的决策单元之间为合作关系，不同类中的决策单元为竞争关系。然后再计算各决策单元的效率得分，对于决策单元 $k$ $(k \in S_l)$，要保证其达到最优效率 $\theta_k^*$ 的同时，使与其有合作关系的决策单元的效率最大，同时使与其有竞争关系的决策单元的效率最小。于是，可以构建如下规划模型：

$$\min \sum_{j \neq k, j \in T_t} s_{kj} - \sum_{j \notin T_t} s_{kj}$$

$$s.t. \sum_{r=1}^{s} \mu_r y_{rj} - \sum_{i=1}^{m} v_i x_{ij} + s_{kj} = 0, \quad j = 1,...,n, j \neq k$$

$$\sum_{r=1}^{s} \mu_r y_{rk} - E_k \sum_{i=1}^{m} v_i x_{ik} = 0$$

$$s_{kj} \geq 0, \forall j$$

$$\mu_r, v_i, \geq 0, r = 1,...s, i = 1,...,m$$

### 6.2.3　网络 DEA 模型

在实际问题中，决策单元（系统）往往是由很多结构复杂的内部子系统组成的，一个子系统的投入往往是其他子系统的部分或全部产出，各个不同功能的子系统组成串联结构、并联结构，或者由串联和并联组成的复杂网络结构。

传统的 DEA 模型实质上是假设决策单元内部运行绝对有效，且不考虑这种地位的差异性，因而可能会高估系统层次的投入-产出效率。为了解决这一问题，很多学者提出了多种网络 DEA 模型，并在模型中考虑了系统的内部结构和子系统的地位差异，能够较为合理地评估决策单元的效率，有效地提高模型的分辨率。

#### 1. 网络 DEA 法的基本思想

网络 DEA 模型的建立既依赖于网络生产结构又依赖于所评价的角度。国内权威的网络 DEA 模型研究专家陈慈认为一个合理的网络 DEA 模型应满足以下性质：

（1）网络 DEA 模型必须充分考虑生产过程内部之间的相互关系。忽视内部生产过程的模型是不能够恰当反映决策单元的相对效率。

（2）复杂系统生产过程中，中间产品起着承上启下的作用。因此对中间产品合理关注是合理网络 DEA 模型构建的基础。

（3）模型得到的效率值应符合经济学上对效率值的一般规定。即必须为标量，且取值范围为[0，1]。

目前网络系统一般划分为三种类型：串行系统、并行系统以及由串并行子系统构建的复杂网络系统。每一种类型，都有相应的网络 DEA 模型能在一定程度上去对运作系统进行绩效评价，也能进一步通过求解各子系统的效率找到造成效率低下的环节所在。但是网络 DEA 模型也会跟单阶段 DEA 模型一样，存在着以下几个明显的缺陷：第一，会造成很多有效的决策单元，使其分辨率下降；第二，由于传统 DEA 追求个性的思想，会形成过渡夸大自身优点，回避其缺点的自评氛围，从而使一些权重取值过于极端与不现实。为此本章我们对每个系统结构都从网络 DEA 模型出发，然后构建其自互评相结合的交叉效率评价方法来对三种网络系统进行绩效研究。

### 2．不同系统下的网络 DEA 模型

（1）串联系统网络 DEA 模型。

假设一个一般的串行网络结构如图 3.1 所示。整个系统包括 h 个子系统。其中 $x_i, i = 1,...,m$ 是整个系统的投入指标，$y_r, r = 1,...,s$ 是整个系统的产出指标。$z_p^t, t = 1,...,h, p = 1,...,q$ 表示第 t 个子系统的产生量或者 t+1 个系统的投入量，且上一阶段的产出全部投入到下一阶段。

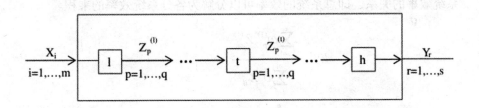

图6.4　串行网络结构

对于图 6.4 所示的串联系统，很多学者对其提出了不同的网络 DEA 模型。最开始是由 Seiford and Zhu 于 1999 年提出用 DEA 模型单独去求每个阶段的效率，其方法的缺陷是忽视掉了各个子系统间的相关关系。后来 Kao and Hwang 于 2008 年考虑了两个子系统之间的串联关系提出了 relational 模型。之后在评价串行系统的绩效时，几乎都考虑到了系统间的相关关系。

其中最基本、最常用的网络 DEA 模型如下（6.8）所示：

$$E_k = \max \sum_{r=1}^{s} \mu_r Y_{rk}$$

$$s.t. \quad \sum_{i=1}^{m} \upsilon_i X_{ik} = 1$$

$$\sum_{r=1}^{s} \mu_r Y_{rj} - \sum_{i=1}^{m} \upsilon_i X_{ij} \leqslant 0, \quad j=1,...,n$$

$$\sum_{p=1}^{q} \omega_p^{(1)} Z_{pj}^{(1)} - \sum_{i=1}^{m} \upsilon_i X_{ik} \leqslant 0, \quad j=1,...,n \qquad （6.8）$$

$$\sum_{p=1}^{q} \omega_p^{(t)} Z_{pj}^{(t)} - \sum_{p=1}^{q} \omega_p^{(t-1)} Z_{pj}^{(t-1)} \leqslant 0, \quad j=1,...,n, \; t=2,...,h-1$$

$$\sum_{r=1}^{s} \mu_r Y_{rj} - \sum_{p=1}^{q} \omega_p^{(h-1)} Z_{pj}^{(h-1)} \leqslant 0, \quad j=1,...,n$$

$$\mu_r, \upsilon_i, \omega_p^{(t)} \geqslant 0, r=1,...s, i=1,...,m, p=1,...,q$$

其中模型（6.8）中 $\upsilon_i, \mu_r, i=1,\cdots m, r=1,\cdots,s$ 是总系统输入与输出指标的权重系数，$\omega_p^{(t)}, t=2,...,h-1, p=1,...,q$ 表示第 t 个子系统的输出变量的权重系数。

在求解出总系统的效率后，得到最优的权重解 $(\upsilon_i^*, \mu_r^*, \omega_p^{(t)*})$，然后根据公式（6.9），求解各子系统的效率。由此可以发现，总系统的效率与各分系统效率的关系，即总系统的效率可以分解为各分系统效率的乘积。

$$E_k^{(1)} = \frac{\sum_{p=1}^{q} \omega_p^{(1)*} Z_{pk}^{(1)}}{\sum_{i=1}^{m} \upsilon_i^* X_{ik}}$$

$$E_k^{(t)} = \frac{\sum_{p=1}^{q} \omega_p^{(t)*} Z_{pk}^{(t)}}{\sum_{p=1}^{q} \omega_p^{(t-1)*} Z_{pk}^{(t-1)}}, t=2,...,h-1 \qquad （6.9）$$

$$E_k^{(h)} = \frac{\sum_{i=1}^{m} \mu_r^* Y_{rk}}{\sum_{p=1}^{q} \omega_p^{(h-1)*} Z_{pk}^{(h-1)}}$$

当且仅当一个决策单元中的全部子过程的效率值 $E_k^{(t)}=1$ 时，其评价单元整体才有效。同时模型（6.9）由于增加了子系统的约束，其求出的总系统效率 $E_k$ 满足 $E_k \leqslant E_k^{CCR}$，即此效率值更能真实的反映运行系统的效率。

（2）并联系统网络 DEA 模型。

简单的网络系统除了上面提到的串行系统之外，就是我们常见的并行系统。比如学校各院系、医院的各部门、商业银行的各分行所组成的整个学校、医院、银行体系等，都是由许多个独立运作，共享投入，共同完成整个系统运作的子系统构成的并行系统。它的特点是各子系统具有独立性，虽然投入指标可能有些是一样的，但是其运作是独立的。一个子系统的低效率甚至其瘫痪不会影响到其他子系统的正常运作。

其一般的基本结构如图 6.5 所示。总共有 h 个并联子过程构成，其中

$x_i, i=1,...,m$ 为整个系统的投入指标，$y_r, r=1,...,s$ 为整个系统的产出指标。$x_i^{(t)}, i=1,...,m, t=1,...,h$ 为第 $t$ 个子单元的投入指标，

$y_r^{(t)}, r=1,...,s, t=1,...,h$ 为第 $t$ 个子单元的产出指标。其中其总系统的投入产出与子单元的投入产出满足 $\sum_{t=1}^{h} x_{ij}^{(t)} = x_{ij}, \sum_{t=1}^{h} y_{ij}^{(t)} = y_{ij}$。

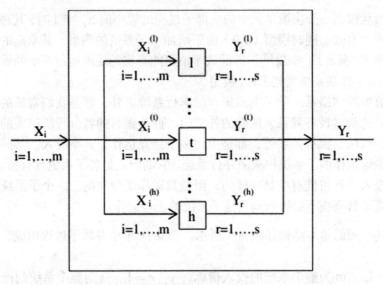

图6.5  并行网络结构

对于上述并联系统的绩效评价，学术界研究相对较少。最先是 Yang 等提出了一个 YMK 模型用于评价并行系统的效率，但该模型仅适用于子系统完全独立的情形。Yu 等考虑了资源共享和环境影响等因素，将系统效率分解为子系统效率的加权平均，提出了子系统规模效率评价模型。本研究是借鉴 kao 提出的 Relational 模型，将系统的非有效性测度分解为子系统的加权平均。其基本的网络 DEA 模型如下（6.10）所示：

$$E_k = \max \sum_{r=1}^{s} \mu_r Y_{rk}$$

$$s.t. \ \sum_{i=1}^{m} \upsilon_i X_{ik} = 1$$

$$\sum_{r=1}^{s} \mu_r Y_{rk} - \sum_{i=1}^{m} \upsilon_i X_{ik} + s_k = 0$$

$$\sum_{r=1}^{s} \mu_r Y_{rk}^{(t)} - \sum_{i=1}^{m} \upsilon_i X_{rk}^{(t)} + s_k^{(t)} = 0, t = 1,...,h \qquad （6.10）$$

$$\sum_{r=1}^{s} \mu_r Y_{rj} - \sum_{i=1}^{m} \upsilon_i X_{ij} \leqslant 0, j = 1,...,n$$

$$\sum_{r=1}^{s} \mu_r Y_{rj}^{(t)} - \sum_{i=1}^{m} \upsilon_i X_{ij}^{(t)} \leqslant 0, \ t = 1,...,h, j = 1,...,n$$

$$\mu_r, \upsilon_i \geqslant 0, r = 1,...s, i = 1,...,m$$

其中模型（6.10）中 $\upsilon_i, \mu_r, i = 1,...m, r = 1,...,s$ 是总系统和子系统输入与输出指标的权重系数。此模型不仅考虑了总系统的约束条件，而且各子系统间的效率也满足小于等于 1 的限制。同时总系统的非有效测度 $s_k$ 是 $h$ 个子并行模块的非有效测度 $s_k^{(t)}, t = 1,...,h$ 的加权平均，即满足 $s_k = \sum\limits_{t=1}^{h} s_k^{(t)}$。

在求解出总系统的效率后，得到最优的权重解 $(\upsilon_i^*, \mu_r^*)$，然后根据公式（6.11），求解各子系统的效率。

$$E_k^{(t)} = \frac{\sum\limits_{p=1}^{q} \mu_p^{(t)*} Y_{pk}^{(t)}}{\sum\limits_{i=1}^{m} \upsilon_i^{(t)*} X_{pk}^{(t)}}, t = 1,\cdots,h \tag{6.11}$$

同样由 $s_k = \sum\limits_{t=1}^{h} s_k^{(t)}$ 可得，只有决策单元的各个并行子系统均有效时，决策单元整体才有效。而且模型（6.11）也加入了子系统的约束，因此其求得的整体效率 $E_k$ 不会大于由传统的 DEA 模型求出的效率值 $E_k^{CCR}$。

（3）复杂网络系统 DEA 模型。

复杂网络系统作为串并联系统构成的网络结构大量存在于现实生活中，比如常见的交通系统、组织结构系统以及人体的神经网络系统等等，都属于复杂的网络系统。即系统是由一系列的子单元或串联、或并联构成。

其最简单的复杂网络系统基本模式如图 6.6 所示，此可以称作为复杂网络系统的最基本单元。其由三个子系统所组成。子系统 1 与子系统 2 处于并联的状态，都是通过投入 $X_1, X_2$ 来分别产生 $Y_1$ 与 $Y_2$。然后子系统 1 与子系统 2 运作完成后又与系统 3 串联，其子单元 1 与 2 的产出变量 $Y_1, Y_2$ 作为子系统 3 的投入。图 3.3 只是复杂网络系统的一个最基础单元，更复杂的网络系统可以看作多个这种基础单元进行的组合。

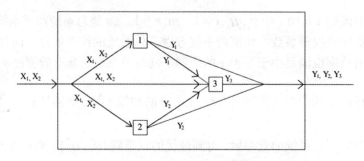

图6.6　复杂网络系统结构单元

同样对于上述复杂网络系统的绩效评价，网络 DEA 模型能对其进行很好的解决。网络 DEA 凭借其优势，在知道其网络运作模式与各子系统的投入产出量后，就能求解系统的相对效率。其基本的网络 DEA 模型如式（6.12）所示：

$$E_k = \max \mu_1 Y_{1k}^{(O)} + \mu_2 Y_{2k}^{(O)} + \mu_3 Y_{3k}$$

$$s.t. \quad \upsilon_1 X_{1k} + \upsilon_2 X_{2k} = 1$$

$$(\mu_1 Y_{1j}^{(O)} + \mu_2 Y_{2j}^{(O)} + \mu_3 Y_{3j}) - (\upsilon_1 X_{1j} + \upsilon_2 X_{2j}) \leqslant 0, j = 1,...,n$$

$$\mu_1 Y_{1j} - (\upsilon_1 X_{1j}^{(1)} + \upsilon_2 X_{2j}^{(1)}) \leqslant 0, j = 1,...,n \qquad (6.12)$$

$$\mu_2 Y_{2j} - (\upsilon_1 X_{1j}^{(2)} + \upsilon_2 X_{2j}^{(2)}) \leqslant 0, j = 1,...,n$$

$$\mu_3 Y_{3j} - (\upsilon_1 X_{1j}^{(3)} + \upsilon_2 X_{2j}^{(3)} + \mu_1 Y_{1j}^{(I)} + \mu_2 Y_{2j}^{(I)}) \leqslant 0, j = 1,...,n$$

$$\mu_1, \mu_2, \mu_3, \upsilon_1, \upsilon_2 \geqslant \varepsilon$$

在模型（6.12）中，$\upsilon_i, \mu_r, i = 1,...m, r = 1,...,s$ 分别代表投入与产出指标的权重系数。其中子系统（1）的产出包括两部分，一部分 $Y_1^{(O)}$ 为整个系统的最终产出；另一部分 $Y_1^{(I)}$ 作为子系统（3）的一个投入指标。同样子系统（2）的产出也包括两部分：即最终产出 $Y_2^{(O)}$ 与下一阶段的投入指标 $Y_2^{(I)}$。

其中总的投入指标满足 $X_{ij} = \sum_{t=1}^{3} X_{ij}^t, i = 1,2, j = 1,...,n$，产出指标满足

$Y_{ij} = Y_{ij}^{(O)} + Y_{ij}^{(I)}, i = 1,2, j = 1,...,n$。

通过模型（6.12）求出总系统的效率 $E_k$ 后，我们可以得到最优的权重解 $(\mu_1^*, \mu_2^*, \mu_3^*, \upsilon_1^*, \upsilon_2^*)$。然后利用模型（6.13）求出三个子过程的效率 $E_k^{(1)}, E_k^{(2)}, E_k^{(3)}, k = 1,...,n$。其中此模型中，对每个投入或者产出指标的定权是统一的。即对于投入指标 $X_1$，无论它是在过程 1、2 或者 3，其权重都是 $\upsilon_1$。同样对于产出指标 $Y_1$，无论它是在第 1 过程产生的还是过程 3，其

权重都是 $\mu_1$。说明此复杂网络模型整体来说，还是中心控制的，每个子单元对其各指标向量看法一致。

$$E_k^{(1)} = \frac{\mu_1^* Y_{1k}}{\upsilon_1^* X_{1k}^{(1)} + \upsilon_2^* X_{2k}^{(1)}}$$

$$E_k^{(2)} = \frac{\mu_2^* Y_{21k}}{\upsilon_1^* X_{1k}^{(2)} + \upsilon_2^* X_{2k}^{(2)}} \qquad (6.13)$$

$$E_k^{(3)} = \frac{\mu_3^* Y_{3k}}{\upsilon_1^* X_{1k}^{(3)} + \upsilon_2^* X_{2k}^{(3)} + \mu_1^* Y_{1k}^{(I)} + \mu_2^* Y_{2k}^{(I)}}$$

事实上对于上述复杂系统，KAO 等学者通过添加虚拟过程，而把它转化成几个子阶段的串行系统，其中每个子阶段又是一个小的并联模块，从而把复杂系统与简单的串并联系统相关联，化繁为简，为求解复杂系统的效率提供了简单可操作的方法。如图 6.7 中，通过添加虚拟过程（4）与（5），我们可以把上述讨论的复杂网络模块划分为由阶段 I 与阶段 II 组成的串行系统。其中阶段 I 由系统 1、2、与虚拟系统 4 并联构成，阶段 II 由系统 3 与虚拟系统 5 并联构成。由于对于构造的虚拟子系统 4 与 5，它们的投入产出量是相等的。所以模型（6.13）中的不等式组

$$(\upsilon_1^* X_{1k}^{(3)} + \upsilon_2^* X_{2k}^{(3)}) - (\upsilon_1^* X_{1k}^{(3)} + \upsilon_2^* X_{2k}^{(3)}) \leqslant 0,$$
$$(\mu_1^* Y_{1k}^{(O)} + \mu_2^* Y_{2k}^{(O)}) - (\mu_1^* Y_{1k}^{(O)} + \mu_2^* Y_{2k}^{(O)}) \leqslant 0$$

仍然成立。于是加入虚拟过程的系统效率求解模型同（6.13）。

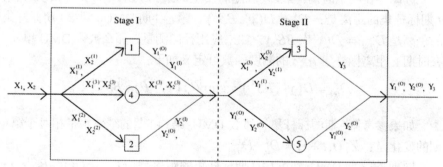

**图6.7　复杂网络系统的变换图**

当把系统看成是两个子阶段的串行系统之后，我们可以利用模型（6.13）得到的最优权重解 $(\mu_1^*, \mu_2^*, \mu_3^*, \upsilon_1^*, \upsilon_2^*)$ 来计算两个子阶段的效率 $E_k^{(1)}, E_k^{(2)}$。

由下式可以看出总系统的效率是两个串行子阶段效率的乘积，即 $E_k = E_k^{(1)} \times E_k^{(2)}$，此与一般的串行系统是相一致的。

$$E_k^{(1)} = \frac{\mu_1^* Y_{1k} + \upsilon_1^* X_{1k}^{(3)} + \upsilon_2^* X_{2k}^{(3)} + \mu_2^* Y_{2k}}{\upsilon_1^* X_{1k} + \upsilon_2^* X_{2k}}$$

$$E_k^{(2)} = \frac{\mu_1^* Y_{1k}^{(O)} + \mu_2^* Y_{2k}^{(O)} + \mu_3^* Y_{3k}}{\mu_1^* Y_{1k} + \upsilon_1^* X_{1k}^{(3)} + \upsilon_2^* X_{2k}^{(3)} + \mu_2^* Y_{2k}}$$

同样，复杂网络系统中的决策单元也只有在各子过程都有效的前提下，才能达到整体有效。

### 6.2.4　基于 DEA 法的动态评价模型

#### 1. 一般动态效率指数

张大群（2009）在对测度函数和标杆集进行界定的基础上，给出了具有一般性的抽象动态效率指数的定义。他将测度函数定义为：假设所有决策单元 DMUs 的效率数据所存在的空间 $\Omega$ 是一个实线性向量空间，参照点集（Reference set）$RS$ 是空间 $\Omega$ 的非空子集，函数 $F(\cdot) = m(\cdot, RS)$ 是空间 $\Omega$ 上用来测度决策单元 DMUs 效率表现的一个单调函数，即如果存在 $W \preceq Z$，则有 $F(W) = m(W, RS) \leqslant m(Z, RS) = F(Z)$。Liu 等（2006）指出标杆集应满足两个条件：一是参照点集 $RS$，二是目标集（Goal set）$GS$ 的子集，记为 $BS$。以此为基础，给出了具有一般性的抽象动态效率指数的定义：

假设存在两个时期：第 $t$ 期和随后发生的第 $t+1$ 期，第 $t$ 期 DMU0 到第 $t$ 期标杆集的距离是：$D_{it}^t = D(y_i^t, BS^t)$；第 $t+1$ 期 DMU0 到第 $t$ 期标杆集的距离是 $D_{it+1}^t = D(y_i^{t+1}, BS^t)$。如果应用径向测量，那么被评 DMU 单元 i 在时期 k 距离标杆集 $BK^k$ 的测度函数可定义如下：

$$D_{ik}^k = D(y_i^k, BS^k) = \sup_{\theta}\left\{\theta : (y_i^k \cdot \theta) \circ BS^k\right\}$$

如果参考第 $t$ 期的标杆集，那么 DMU$_0$ 第 $t+1$ 期的绩效水平相对于第 $t$ 期的变化是：$Z_i^t(t, t+1) = D_{it}^t / D_{it+1}^t$。

同理，第 $t$ 期 DMU$_0$ 到第 $t+1$ 期标杆集的距离是：$D_{it}^{t+1} = D(y_i^t, BS^{t+1})$；第 $t+1$ 期 DMU$_0$ 到第 t+1 期标杆集的距离是 $D_{it+1}^{t+1} = D(y_i^{t+1}, BS^{t+1})$。那么参考第 $t+1$ 期的标杆集，DMU$_0$ 在第 $t+1$ 期的绩效水平相对于第 t 期的变化是：$Z_i^{t+1}(t, t+1) = D_{it}^{t+1} / D_{it+1}^{t+1}$。

如果标杆集 $BS^{t+1}$ 的前沿面随时间 $t$ 的变化而平行移动，那么易证明

$Z_i^t(t,t+1) = Z_i^{t+1}(t,t+1)$。反之，如果前沿面的变化是非平行的，则出现 $Z_i^t(t,t+1) \neq Z_i^{t+1}(t,t+1)$ 的情况。因此，为平衡这种由标杆集 $BS^{t+1}$ 不均匀移动导致的差异，可对上述指数进行几何平均得到新的指数，即：

$$Z_i(t,t+1) \equiv (Z_i^t(t,t+1)Z_i^{t+1}(t,t+1))^{1/2}$$

$$\equiv \left(\frac{D_{it}^t}{D_{it+1}^t}\right)^{1/2} \left(\frac{D_{it}^{t+1}}{D_{it+1}^{t+1}}\right)^{1/2}$$

$$\equiv \frac{D_{it}^t}{D_{it+1}^{t+1}} \cdot \left(\frac{D_{it}^{t+1}}{D_{it}^t} \cdot \frac{D_{it+1}^{t+1}}{D_{it+1}^t}\right)^{1/2}$$

其中，$\dfrac{D_{it}^t}{D_{it+1}^{t+1}}$ 表示被评价单元 $DMU_0$ 距离标杆集的相对距离，若 $\dfrac{D_{it}^t}{D_{it+1}^{t+1}} > 1$，

则相对第 $t$ 时期，被评价单元 $DMU_0$ 在 $t+1$ 时期与参照标杆集更加接近；

若 $\dfrac{D_{it}^t}{D_{it+1}^{t+1}} < 1$，则相对第 $t$ 时期，被评价单元 $DMU_0$ 在 $t+1$ 时期距离参照标

杆集更远。式中 $\left(\dfrac{D_{it}^{t+1}}{D_{it}^t} \cdot \dfrac{D_{it+1}^{t+1}}{D_{it+1}^t}\right)^{1/2}$ 则表示标杆集的变动情况，若

$\left(\dfrac{D_{it}^{t+1}}{D_{it}^t} \cdot \dfrac{D_{it+1}^{t+1}}{D_{it+1}^t}\right)^{1/2} > 1$，则表示标杆集在向更高的绩效水平移动；若

$\left(\dfrac{D_{it}^{t+1}}{D_{it}^t} \cdot \dfrac{D_{it+1}^{t+1}}{D_{it+1}^t}\right)^{1/2} = 1$，表示标杆集并没有移动；反之若 $\left(\dfrac{D_{it}^{t+1}}{D_{it}^t} \cdot \dfrac{D_{it+1}^{t+1}}{D_{it+1}^t}\right)^{1/2} < 1$，

则表明标杆集的绩效水平退步了。

### 2. Malmquist 生产率指数

Malmquist 指数最早由 Malmquist（1953）提出，Caves 等（1982）首先将该指数应用于生产率变化的测算，此后他们又将该指数与 Charnes 等（1978）建立的 DEA 理论相结合。在此基础上，Fare 等（1992）构建了基

于 DEA 的 Malmquist 指数，其基本思想和计算方法如下：

假设有 $t$ 期和 $t+1$ 期的两个生产函数，计算 Malmquist 指数需要对两个时期单独测度和对两个时期混合测度，对两个时期的单独测度可以直接采用 CCR DEA 模型：

$$D_o^t(x_o^t, y_o^t) = \min \theta$$

$$s.t. \sum_{j=1}^{n} \lambda_j x_{ij}^t \leq \theta x_{io}^t, i = 1, 2, ..., m,$$

$$\sum_{j=1}^{n} \lambda_j y_{rj}^t \geq y_{ro}^t, r = 1, 2, ..., s,$$

$$\lambda_j \geq 0, j = 1, 2, ..., n$$

其中，$x_{io}^t$ 是 $DMU_O$ 第 $t$ 期的第 $i$ 种投入，$y_{ro}$ 是 $DMU_O$ 第 $t$ 期的第 $r$ 种产出。效率 $D_o^t(x_o^t, y_o^t) = \theta_o^*$ 决定了在给定的产出水平不下降时被观察的投入可以适当的减少的量。将上述模型中的 $t$ 替换为 $t+1$，我们可以得到 $D_o^{t+1}(x_o^{t+1}, y_o^{t+1})$，即 $t+1$ 期 $DMU_O$ 的效率值。

第一个混合阶段的测度，对任一 $DMU_O$ 定义为 $D_o^t(x_o^{t+1}, y_o^{t+1})$，$o \in Q = \{1, 2, ..., n\}$，可以通过以下线性规划问题求出最优解：

$$\min \theta$$

$$s.t. \sum_{j=1}^{n} \lambda_j x_{ij}^t \leq \theta x_{io}^{t+1}, i = 1, 2, ..., m,$$

$$\sum_{j=1}^{n} \lambda_j y_{rj}^t \geq y_{ro}^{t+1}, r = 1, 2, ..., s,$$

$$\lambda_j \geq 0, j = 1, 2, ..., n$$

同样，第二个混合阶段的测度，对任一 $DMU_O$ 可定义为 $D_o^{t+1}(x_o^t, y_o^t)$，需要借助投入导向的 Malmquist 生产率指数，通过以下线性规划问题求出最优解：

$$\min \theta$$

$$s.t. \sum_{j=1}^{n} \lambda_j x_{ij}^{t+1} \leq \theta x_{io}^t, i = 1, 2, ..., m,$$

$$\sum_{j=1}^{n} \lambda_j y_{rj}^{t+1} \geq y_{ro}^t, r = 1, 2, ..., s,$$

$$\lambda_j \geq 0, j = 1, 2, ..., n$$

Fare 等（1992）的投入导向型 Malmquist 生产率指数，测量了某一特定 DMU$_O$（$o \in Q = \{1,2,...,n\}$），在 $t$ 到 $t+1$ 期的产出变化：

$$M_O = \left[ \frac{D_o^t(x_o^{t+1}, y_o^{t+1})}{D_o^t(x_o^t, y_o^t)} \cdot \frac{D_o^{t+1}(x_o^{t+1}, y_o^{t+1})}{D_o^{t+1}(x_o^t, y_o^t)} \right]^{1/2}$$

显然，上式实际上是两个 Malmquist 生产率指数（Caves，1982）的几何平均。Fare（1992）定义，$M_O > 1$ 说明产出增加；$M_O < 1$ 说明产出减少；$M_O = 1$ 说明随着时间从 $t$ 到 $t+1$ 期产出没有发生变化。放松 Caves 等（1982）的假设，即 $D_o^t(x_o^t, y_o^t)$ 和 $D_o^{t+1}(x_o^{t+1}, y_o^{t+1})$ 应该等同于一个，且允许技术无效率，Fare 等（1992）将他们的 Malmquist 生产率指数分成两个部分

$$M_O = \left[ \frac{D_o^t(x_o^{t+1}, y_o^{t+1})}{D_o^t(x_o^t, y_o^t)} \cdot \frac{D_o^{t+1}(x_o^{t+1}, y_o^{t+1})}{D_o^{t+1}(x_o^t, y_o^t)} \right]^{1/2}$$

$$= \frac{D_o^{t+1}(x_o^{t+1}, y_o^{t+1})}{D_o^t(x_o^t, y_o^t)} \left[ \frac{D_o^t(x_o^{t+1}, y_o^{t+1})}{D_o^{t+1}(x_o^{t+1}, y_o^{t+1})} \cdot \frac{D_o^t(x_o^t, y_o^t)}{D_o^{t+1}(x_o^t, y_o^t)} \right]^{1/2}$$

其中，$TEC_O = \dfrac{D_o^{t+1}(x_o^{t+1}, y_o^{t+1})}{D_o^t(x_o^t, y_o^t)}$ 这一部分测量的是技术效率从 $t$ 到 $t+1$ 期的变化，$FS_O = \left[ \dfrac{D_o^t(x_o^{t+1}, y_o^{t+1})}{D_o^{t+1}(x_o^{t+1}, y_o^{t+1})} \cdot \dfrac{D_o^t(x_o^t, y_o^t)}{D_o^{t+1}(x_o^t, y_o^t)} \right]^{1/2}$ 测量的是技术前沿面从 $t$ 到 $t+1$ 期的移动。Fare 等）指出，$FS_O > 1$ 说明技术正向移动或者说技术改进，$FS_O < 1$ 说明技术反向移动或者说技术衰退，$FS_O = 1$ 说明技术前沿面没有变化。

Chen and Ali（2004）对 Malmquist 生产率指数进行了扩展研究，他们认为 $FS_O$ 也可以看作是 DMU 从 $t$ 到 $t+1$ 期技术的平均综合变动。但是，由

于前沿面是多层面的，可能在某一段是向上移动的，而在另一段又是向下移动的。这样，平均前沿面移动指数 $FS_O$ 可能就简化了或者分散了前沿面的移动，这将导致一些重要管理信息的遗漏。因此，他们对公式

$$\left[ \frac{D_o^t(x_o^{t+1}, y_o^{t+1})}{D_o^{t+1}(x_o^{t+1}, y_o^{t+1})} \cdot \frac{D_o^t(x_o^t, y_o^t)}{D_o^{t+1}(x_o^t, y_o^t)} \right]^{1/2}$$ 中分别代表向后和向前的前沿面移

动的两个部分 $\dfrac{D_o^t(x_o^{t+1}, y_o^{t+1})}{D_o^{t+1}(x_o^{t+1}, y_o^{t+1})}$ 和 $\dfrac{D_o^t(x_o^t, y_o^t)}{D_o^{t+1}(x_o^t, y_o^t)}$ 进行了进一步的分析。其中，

$\dfrac{D_o^t(x_o^{t+1}, y_o^{t+1})}{D_o^{t+1}(x_o^{t+1}, y_o^{t+1})}$ 代表的是在第 $t$ 期前沿面下 $DMU_0$ 第 $t+1$ 期的效率，

$\dfrac{D_o^t(x_o^t, y_o^t)}{D_o^{t+1}(x_o^t, y_o^t)}$ 代表的是在第 $t+1$ 期前沿面下 $DMU_0$ 第 $t$ 期的效率。

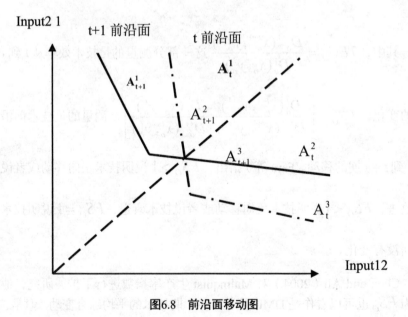

图6.8　前沿面移动图

如图 6.8 所示，假设有 3 个 $DMU_s$，在第 $t$ 期的前沿面上的位置分别用 $A_t^1$，$A_t^2$ 和 $A_t^3$ 表示，在第 $t+1$ 期的前沿面上的位置分别用 $A_{t+1}^1$，$A_{t+1}^2$ 和 $A_{t+1}^3$ 表示。前沿面从第 $t$ 期到第 $t+1$ 期向后移动说明技术进步，前沿面从第 $t$ 期到第 $t+1$ 期向前移动说明技术水平下降。定义 $A_{t+1}^1$，$A_{t+1}^2$ 和 $A_{t+1}^3$ 代表 $A_t^1$，$A_t^2$ 和 $A_t^3$ 移动后可能的位置，比如，如果 $A_t^1$ 代表的是 $DMU_0$ 在第 $t$ 期的位置，那么 $DMU_0$ 在第 $t+1$ 期的位置可能在 $A_{t+1}^3$（或 $A_{t+1}^1$ 和 $A_{t+1}^2$）处（见表 1 中的第 3 种情况），即 $DMU_0$ 的前沿面从第 $t$ 期的 $A_t^1$ 移动到了第 $t+1$ 期的 $A_{t+1}^3$。这样，从第 $t$ 期到第 $t+1$ 期将有 9 种可能的移动结果。

表 6.1 将列出这 9 种可能的结果以及相应的 $\dfrac{D_o^t(x_o^{t+1}, y_o^{t+1})}{D_o^{t+1}(x_o^{t+1}, y_o^{t+1})}$ 和

$\dfrac{D_o^t(x_o^t, y_o^t)}{D_o^{t+1}(x_o^t, y_o^t)}$ 的特征。

表6.1　技术变化的9种移动方案列表

| 方案 | $t \Rightarrow t+1$ | $\dfrac{D_o^t(x_o^{t+1}, y_o^{t+1})}{D_o^{t+1}(x_o^{t+1}, y_o^{t+1})}$ | $\dfrac{D_o^t(x_o^t, y_o^t)}{D_o^{t+1}(x_o^t, y_o^t)}$ | $FS_O$ |
|---|---|---|---|---|
| 续表 | | | | |
| 方案 | $t \Rightarrow t+1$ | $\dfrac{D_o^t(x_o^{t+1}, y_o^{t+1})}{D_o^{t+1}(x_o^{t+1}, y_o^{t+1})}$ | $\dfrac{D_o^t(x_o^t, y_o^t)}{D_o^{t+1}(x_o^t, y_o^t)}$ | $FS_O$ |
| 1 | $A_t^1 \Rightarrow A_{t+1}^1$ | >1 | >1 | >1 |
| 2 | $A_t^1 \Rightarrow A_{t+1}^2$ | >1 | >1 | >1 |
| 3 | $A_t^1 \Rightarrow A_{t+1}^3$ | <1 | >1 | ? |
| 4 | $A_t^2 \Rightarrow A_{t+1}^1$ | >1 | <1 | ? |
| 5 | $A_t^2 \Rightarrow A_{t+1}^2$ | >1 | <1 | ? |
| 6 | $A_t^2 \Rightarrow A_{t+1}^3$ | <1 | <1 | <1 |
| 7 | $A_t^3 \Rightarrow A_{t+1}^1$ | >1 | <1 | ? |
| 8 | $A_t^3 \Rightarrow A_{t+1}^2$ | >1 | <1 | ? |
| 9 | $A_t^3 \Rightarrow A_{t+1}^3$ | <1 | <1 | <1 |

上述 9 种移动方案下，根据 $\dfrac{D_o^t(x_o^{t+1}, y_o^{t+1})}{D_o^{t+1}(x_o^{t+1}, y_o^{t+1})}$ 和 $\dfrac{D_o^t(x_o^t, y_o^t)}{D_o^{t+1}(x_o^t, y_o^t)}$ 取值的不

同，可以得到 4 种可能的结果，如表 6.2 所示。

表6.2　技术变化的4种可能结果

| 结果 | 方案 | $\dfrac{D_o^t(x_o^{t+1}, y_o^{t+1})}{D_o^{t+1}(x_o^{t+1}, y_o^{t+1})}$ 和 $\dfrac{D_o^t(x_o^t, y_o^t)}{D_o^{t+1}(x_o^t, y_o^t)}$ 取值 | $FS_O$ 值 | 前沿面移动方向 |
|---|---|---|---|---|
| 1 | 1、2 | $\dfrac{D_o^t(x_o^{t+1}, y_o^{t+1})}{D_o^{t+1}(x_o^{t+1}, y_o^{t+1})} > 1$; $\dfrac{D_o^t(x_o^t, y_o^t)}{D_o^{t+1}(x_o^t, y_o^t)} > 1$ | $FS_O > 1$ | positive |
| 2 | 6、9 | $\dfrac{D_o^t(x_o^{t+1}, y_o^{t+1})}{D_o^{t+1}(x_o^{t+1}, y_o^{t+1})} < 1$; $\dfrac{D_o^t(x_o^t, y_o^t)}{D_o^{t+1}(x_o^t, y_o^t)} < 1$ | $FS_O < 1$ | negative |
| 3 | 4、5、7、8 | $\dfrac{D_o^t(x_o^{t+1}, y_o^{t+1})}{D_o^{t+1}(x_o^{t+1}, y_o^{t+1})} > 1$; $\dfrac{D_o^t(x_o^t, y_o^t)}{D_o^{t+1}(x_o^t, y_o^t)} < 1$ | $FS_O > 1$ $FS_O < 1$ $FS_O = 1$ | Positive; Negative; remains the same |

续表

| 结果 | 方案 | $\dfrac{D_o^t(x_o^{t+1}, y_o^{t+1})}{D_o^{t+1}(x_o^{t+1}, y_o^{t+1})}$ 和 $\dfrac{D_o^t(x_o^t, y_o^t)}{D_o^{t+1}(x_o^t, y_o^t)}$ 取值 | $FS_O$ 值 | 前沿面移动方向 |
|---|---|---|---|---|
| 4 | 3 | $\dfrac{D_o^t(x_o^{t+1}, y_o^{t+1})}{D_o^{t+1}(x_o^{t+1}, y_o^{t+1})} < 1$; $\dfrac{D_o^t(x_o^t, y_o^t)}{D_o^{t+1}(x_o^t, y_o^t)} > 1$ | $FS_O > 1$ $FS_O < 1$ $FS_O = 1$ | Positive; Negative; remains the same |

### 3. DEA 窗口分析法

1985 年，Charnes 等提出了 DEA 窗口分析方法，它利用移动平均的原则，选择不同的参考集来评价某个 DMU 的相对效率，考察决策单元 DMU 随时间的变动趋势。DEA 窗口法将处于不同时段的决策单元 DMU

看作不同的 DMUs，对于某一特定的 DMU，从横向来看，它要与同一时期的其他 DMUs 进行比较，从纵向来看，该 DMU 在不同时期也要被当作不同的 DMU 和自身的不同时期的效率进行比较，这增加了样本对象的数量，通过这种方法所计算出来的 DMU 的效率更接近于真实。DEA 窗口法的基本思想如下：

假设有 n 个决策单元（Decision Making units，DMUs），研究的总时间长度为 T，也就是要评价 T 期的表现，他们都是用 m 种投入生产出 s 种产出，窗口分析将同一 DMU 不同时期表现当作不同的样本，则一共有 $T \cdot n$ 个样本，则对某一 $DMU_k$，$k = 1, ..., T \cdot n$，在第 t 期就有一个 m 维投入向量 $X_t^k = (x_{1t}^k, x_{2t}^k, ..., x_{mt}^k)'$ 和一个 s 维产出向量 $Y_t^k = (y_{1t}^k, y_{2t}^k, ..., y_{st}^k)'$。

当窗口宽度为 $\sigma$ 时，那么对于每个决策单元就需要建立起 $T - \sigma + 1$ 个窗口进行效率测度，第 $t$（$t = 1, ..., T - \sigma + 1$）个窗口内包含 $n \times \sigma$ 个样本，该窗口内的投入向量为

$$X_{t\theta} = (x_t^1, x_t^2, ..., x_t^n, x_{t+1}^1, x_{t+1}^2, ..., x_{t+1}^n, ..., x_{t+\theta}^1, x_{t+\theta}^2, ..., x_{t+\theta}^n)$$

该窗口内的产出向量为

$$Y_{t\theta} = (y_t^1, y_t^2, ..., y_t^n, y_{t+1}^1, y_{t+1}^2, ..., y_{t+1}^n, ..., y_{t+\theta}^1, y_{t+\theta}^2, ..., y_{t+\theta}^n)$$

每个决策单元在第 $t$（$t = 1, ..., T - \sigma + 1$）个窗口内都将得到 $\sigma$ 个效率值。对于每个时间窗口的效率测算，从第一个时点 $h = 1(h = 1, 2, ..., T)$ 开始计算第 1 个窗口内的 $\sigma$ 个效率值，然后移动到时点 $h = 2$ 开始计算第 2 个窗口内的 $\sigma$ 个效率值，依此类推到第 $h = T - \sigma + 1$ 时点计算组后一个窗口内 $\sigma$ 个效率值，具体如表 6.3 所示：

表6.3　一个决策单元在时期T内的窗口计算示意

| | 窗口 1 | 窗口 2 | 窗口 3 | ... | 窗口 $T - \sigma - 1$ | 窗口 $T - \sigma$ | 窗口 $T - \sigma + 1$ | 各期均值 |
|---|---|---|---|---|---|---|---|---|
| $h = 1$ | $e_{11}$ | | | | | | | |
| $h = 2$ | $e_{12}$ | $e_{21}$ | | | | | | |
| $h = 3$ | $e_{13}$ | $e_{22}$ | $e_{31}$ | | | | | |

| | | | | | |
|---|---|---|---|---|---|
| $h=4$ | $e_{23}$ | $e_{32}$ | | | |
| $h=5$ | | $e_{33}$ | | | |
| ... | | ... | | | |
| $h=T-4$ | | | $e_{T-\sigma-1,1}$ | | |
| $h=T-3$ | | | $e_{T-\sigma-1,2}$ | $e_{T-\sigma,1}$ | |
| $h=T-2$ | | | $e_{T-\sigma-1,3}$ | $e_{T-\sigma,2}$ | $e_{T-\sigma+1,1}$ |
| $h=T-1$ | | | | $e_{T-\sigma,3}$ | $e_{T-\sigma+1,2}$ |
| $h=T$ | | | | | $e_{T-\sigma+1,3}$ |

以上三种动态 DEA 模型各有优劣势：

（1）一般动态效率指数和 Malmquist 生产率指数有着相同的思想，一般动态效率指数实际上是 Malmquist 生产率指数的一般抽象形式，为研究具体的动态评价问题提供了基本思路。

（2）以 DEA 为基础的 Malmquist 生产指数法的一个基本思想是：通过决策单元构造前沿面，再求解相应的线性规划模型。在求解 Malmquist 生产指数 DEA 模型时，如果被评价的决策单元较少，就会造成无法形成有效的数据包络面（不能包含某些被评价单元）的问题，因此对于某些被评价的决策单元，会有模型无解的情况出现。而窗口法是将不同时间段的决策单元都视为不同的被评价单元，对决策单元数量的扩展能有效地解决这一问题。另外，Malmquist 指数法采用的是经典 CCR DEA 包络模型来构造前沿面并考察前沿面的移动，而本研究中所选择的 DEA 交叉效率评价方法是乘子模型，所求解的动态指数并没有实际的意义。虽然 Malmquist 生产率指数获得了广泛的应用，但该方法在环境效率的动态评价中，不但没有恰当地反映技术进步的特性，而且会因此得到有偏的效率增长指数。

（3）DEA 窗口分析法是对传统 DEA 改进后所形成的非参数面板方法，它视不同时段的决策单元为不同的 DMUs，对于某一特定的 DMU，不仅要与同一时期的其他 DMUs 进行横向比较，还要在不同时期被当作不同的

DMU 进行比较，大大增加了样本对象的数量，在处理小样本数据时具有独特的优势。同时该方法通过与不同时期的其他决策单元的横向比较和与自身在其他时期的效率进行纵向比较后所计算出来的 DMU 的效率更接近于真实。正是因为这些优势，DEA 窗口分析法在多个领域的研究中获得了应用，包括银行效率动态评价，高校科研管理效果评价，医院电子医疗记录效率评价，以及能源和环境效率评价和政府支出效率评价。

## 6.2.5　评价模型构建

### 1. 静态评价模型——E-NSBM 模型的构建

基于第 4 章关于环境保护与经济发展关系的分析，保护环境和发展经济从根本上讲是有机统一、相辅相成的。因此，在设计协调推进环境高水平保护和经济高质量发展的评价模型时应该考虑两个重要的系统，一是经济发展分系统，简称分系统 1，一个是环境保护分系统，简称分系统 2，如图 6.9 所示。为便于分析，本书仅选择了反映经济发展和环境保护的几个主要指标构建模型，本研究将就业人口数、固定资产投资、能源消耗和水消耗量作为经济发展系统的投入，GDP 作为经济发展分系统的期望产出，"三废"产生量作为经济发展分系统的非期望产出，同时也作为环境保护分系统的非期望输入。

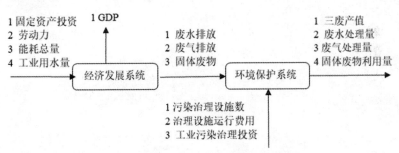

**图6.9　中国各地区环境治理评价系统结构**

采用这个框架来进行环境治理绩效的评价主要有两个好处：①由于在评价时考虑系统的内部结构，因此评价结果更加的合理，更容易被接受。②在确定环境总系统绩效的同时，也可以确定经济发展系统和环境保护两个分系统的绩效，便于更为清晰的分析总系统的绩效具体是由哪个环节影响，也有助于政府制定更加具有针对性的政策措施。

近十年网络 DEA 成了 DEA 领域的热点,网络 DEA 的发展为进一步探究系统内部结构,更加精确的评价系统效率提供了有效的工具。本研究借鉴 Kao（2014）的 NSBM 模型,根据 Liu（2010）提出的扩展强自由处置性假设,将非期望产出当作期望投入,非期望输入当成期望输出（该假设的最大好处是不需要改变生产可能集,同时不需要对非期望指标进行数据变换）,来解决中间输出为污染物（非期望输出）的问题。依据此思路,本研究将 Liu（2010）提出的扩展强自由处置性假设引入到 Kao（2014）的 NSBM 模型中建立了 E-NSBM 模型。为后文说明方便,本研究将根据图 6.5 描述的环境治理评价系统构建相应的 E-NSBM 模型。

令 $x_1^1$ 表示固定资产投资, $x_2^1$ 表示劳动力, $x_3^1$ 表示能耗总量, $x_4^1$ 表示工业用水量, $y_1^1$ 表示 GDP, $x_1^2$ 表示污染治理设施数, $x_2^2$ 表示治理设施运行费用, $x_3^2$ 表示工业污染治理投资, $z_1$ 表示工业废水排放量, $z_2$ 表示工业废气排放量, $z_3$ 表示工业固体废弃物产生量, $y_1^2$ 表示工业三废综合利用产品产值, $y_2^2$ 表示工业废水处理量, $y_3^2$ 表示工业废气处理量, $y_4^2$ 表示工业固体废物利用量。由于中间产品 $z_1$ （工业废水排放量）、 $z_2$ （工业废气排放量） $z_3$ （工业固体废弃物产生量）,既是分系统 1 的输出同时也是分系统 2 的输入,当作为输出时为非期望输出,当作为输入时为非期望的输入,因此根据 liu（2010）扩展的强自由处置性定义, $z_1$ , $z_2$ , $z_3$ 分别作为分系统 1 的非期望输出同时为分系统 2 的期非望输入,因此具体模型为:

$$\min \frac{\left[1-\left(\sum_{i=1}^{3}\frac{s_i^{1-}}{x_{ki}^1}+\sum_{i=1}^{3}\frac{s_m^{1-}}{z_{ik}}\right)\Big/4\right]+\left[1-\left(\sum_{i=1}^{3}\frac{s_l^{2-}}{x_{kl}^2}\right)\right]}{\left[1+\left(\sum_{i=1}^{3}\frac{s_p^{1+}}{y_p^1}\right)\Big/4\right]+\left[1+\left(\sum_{i=1}^{3}\frac{s_n^{2+}}{z_{kn}}+\sum_{i=1}^{3}\frac{s_q^{2+}}{y_q^2}\right)\Big/4\right]}$$

$$s.t.\quad \sum_{j=1}^{n}\lambda_j^1 x_{ji}^1+s_i^{1-}=x_{ki}^1 \quad i=1,\cdots,4$$

$$\sum_{j=1}^{n}\lambda_j^1 z_{jm}+s_m^{-}=z_{km} \quad m=1,\cdots,3$$

$$\sum_{j=1}^{n}\lambda_j^1 y_{jp}^1-s_p^{1+}=y_p^1 \quad p=1$$

$$\sum_{j=1}^{n}\lambda_j^2 x_{jl}^2+s_l^{2-}=x_{kl}^2 \quad l=1,\cdots,4 \qquad (6.14)$$

$$\sum_{j=1}^{n}\lambda_j^2 z_{jm}-s_m^{+}=z_{km} \quad m=1,\cdots,3$$

$$\sum_{j=1}^{n}\lambda_j^2 y_{jq}^2-s_q^{2+}=y_q^2 \quad q=1,\cdots,4$$

$$\lambda_j^1,\lambda_j^2,s_i^{1-},s_m^{-},s_p^{1+},s_l^{2-},s_m^{+},s_q^{2+}\geqslant 0$$

令模型的最优解为 $\lambda_j^{1*},\lambda_j^{2*},s_i^{1-*},s_m^{-*},s_p^{1+*},s_l^{2-*},s_m^{2+*},s_q^{2+*}$ 则 $DMU_k$ 的总效率为

$$E_k^s=\frac{\left[1-\left(\sum_{i=1}^{3}\frac{s_i^{1-*}}{x_{ki}^1}+\sum_{i=1}^{3}\frac{s_m^{1-*}}{z_{ik}}\right)\Big/4\right]+\left[1-\left(\sum_{i=1}^{3}\frac{s_l^{2-*}}{x_{kl}^2}\right)\right]}{\left[1+\left(\sum_{i=1}^{3}\frac{s_p^{1+*}}{y_{kp}^1}\right)\Big/4\right]+\left[1+\left(\sum_{i=1}^{3}\frac{s_n^{2+*}}{z_{kn}}+\sum_{i=1}^{3}\frac{s_q^{2+*}}{y_{kq}^2}\right)\Big/4\right]} \qquad (6.15)$$

$$E_k^1=\frac{\left[1-\left(\sum_{i=1}^{3}\frac{s_i^{1-*}}{x_{ki}^1}+\sum_{i=1}^{3}\frac{s_m^{1-*}}{z_{ik}}\right)\Big/4\right]}{\left[1+\left(\sum_{i=1}^{3}\frac{s_p^{1+*}}{y_{kp}^1}\right)\Big/4\right]} \qquad (6.16)$$

$$E_k^2 = \frac{\left[1 - \left(\sum_{i=1}^{3} \frac{s_l^{2-*}}{x_{kl}^2}\right)\right]}{\left[1 + \left(\sum_{i=1}^{3} \frac{s_n^{2+*}}{z_{kn}} + \sum_{i=1}^{3} \frac{s_q^{2+*}}{y_{kq}^2}\right)\middle/4\right]} \tag{6.17}$$

定义1：当 $E_k^s = 1$ 时，$DMU_k$ 为总体有效

定义2：当 $E_k^1 = 1$ 或者 $E_k^2 = 1$ 时，$DMU_k$ 为分系统1或者2有效

根据（6.15）（6.16）（6.17）的关系，当令

$$w_k^1 = \frac{\left[1 + \left(\sum_{i=1}^{3} \frac{s_p^{1+*}}{y_{kp}^1}\right)\middle/4\right]}{\left[1 + \left(\sum_{i=1}^{3} \frac{s_p^{1+*}}{y_{kp}^1}\right)\middle/4\right] + \left[1 + \left(\sum_{i=1}^{3} \frac{s_n^{2+*}}{z_{kn}} + \sum_{i=1}^{3} \frac{s_q^{2+*}}{y_{kq}^2}\right)\middle/4\right]} \tag{6.18}$$

$$w_k^2 = \frac{\left[1 + \left(\sum_{i=1}^{3} \frac{s_n^{2+*}}{z_{kn}} + \sum_{i=1}^{3} \frac{s_q^{2+*}}{y_{kq}^2}\right)\middle/4\right]}{\left[1 + \left(\sum_{i=1}^{3} \frac{s_p^{1+*}}{y_{kp}^1}\right)\middle/4\right] + \left[1 + \left(\sum_{i=1}^{3} \frac{s_n^{2+*}}{z_{kn}} + \sum_{i=1}^{3} \frac{s_q^{2+*}}{y_{kq}^2}\right)\middle/4\right]} \tag{6.19}$$

则有

$$E_k^s = w_k^1 E_k^1 + w_k^2 E_k^2 \tag{6.20}$$

由于 $w_1, w_2 \geqslant 0$，根据（6.18）式有，DMUK 有效，即 $E_k^s = 1$，则所有的分系统必须有效即 $E_k^1 = 1, E_k^2 = 1$。

模型（6.14）是一个非凸规划，求解十分困难，下面对模型（6.14）进行变形，将其转化为一个线性规划问题。令

$$\hat{\lambda}_j^1 = t\lambda_j^1, \hat{\lambda}_j^2 = t\lambda_j^2, \hat{s}_i^{1-} = ts_i^{1-}, \hat{s}_m^{1-} = ts_m^{1-}, \hat{s}_p^{1+} = ts_p^{1+}, \hat{s}_l^{2-} = ts_l^{2-}, \hat{s}_n^{2+} = ts_m^+, \hat{s}_q^{2+} = ts_q^{2+}$$

则模型（6.14）等价于

$$\min \frac{\left[t-\left(\sum_{i=1}^{3}\dfrac{\hat{s}_i^{1-}}{x_{ki}^1}+\sum_{i=1}^{3}\dfrac{\hat{s}_m^{1-}}{z_{km}}\right)\Big/4\right]+\left[t-\left(\sum_{i=1}^{3}\dfrac{\hat{s}_l^{2-}}{x_{kl}^2}\right)\right]}{\left[t+\left(\sum_{i=1}^{3}\dfrac{\hat{s}_p^{1+}}{y_p^1}\right)\Big/4\right]+\left[t+\left(\sum_{i=1}^{3}\dfrac{\hat{s}_n^{2+}}{z_{kn}}+\sum_{i=1}^{3}\dfrac{\hat{s}_q^{2+}}{y_q^2}\right)\Big/4\right]}$$

$$s.t. \quad \sum_{j=1}^{30}\hat{\lambda}_j^1 x_{ji}^1 + \hat{s}_i^{1-} = tx_{ki}^1 \quad i=1,\cdots,4$$

$$\sum_{j=1}^{30}\hat{\lambda}_j^1 z_{jm} + \hat{s}_m^- = tz_{km} \quad m=1,\cdots,3$$

$$\sum_{j=1}^{30}\hat{\lambda}_j^1 y_{jp}^1 - \hat{s}_p^{1+} = ty_p^1 \quad p=1 \tag{6.21}$$

$$\sum_{j=1}^{30}\hat{\lambda}_j^2 x_{jl}^2 + \hat{s}_l^{2-} = tx_{kl}^2 \quad l=1,\cdots,4$$

$$\sum_{j=1}^{30}\hat{\lambda}_j^2 z_{jm} - \hat{s}_m^+ = tz_{km} \quad m=1,\cdots,3$$

$$\sum_{j=1}^{30}\hat{\lambda}_j^2 y_{jq}^2 - \hat{s}_q^{2+} = ty_q^2 \quad q=1,\cdots,4$$

$$t,\hat{\lambda}_j^1,\hat{\lambda}_j^2,\hat{s}_i^{1-},\hat{s}_m^-,\hat{s}_p^{1+},\hat{s}_l^{2-},\hat{s}_m^+,\hat{s}_q^{2+} \geqslant 0$$

通过 CC 变换（tone，2009）可将上述模型可以将模型（6.21）线性化为：

$$\min \left[t-\left(\sum_{i=1}^{3}\frac{\hat{s}_i^{1-}}{x_{ki}^1}+\sum_{i=1}^{3}\frac{\hat{s}_m^{1-}}{z_{km}}\right)\Big/4\right]+\left[t-\left(\sum_{i=1}^{3}\frac{\hat{s}_l^{2-}}{x_{kl}^2}\right)\right]$$

$$s.t. \quad \left[t+\left(\sum_{i=1}^{3}\frac{\hat{s}_p^{1+}}{y_p^1}\right)\Big/4\right]+\left[t+\left(\sum_{i=1}^{3}\frac{\hat{s}_n^{2+}}{z_{kn}}+\sum_{i=1}^{3}\frac{\hat{s}_q^{2+}}{y_q^2}\right)\Big/4\right]=1$$

$$\sum_{j=1}^{30}\hat{\lambda}_j^1 x_{ji}^1 + \hat{s}_i^{1-} = tx_{ki}^1 \quad i=1,\cdots,4$$

$$\sum_{j=1}^{30}\hat{\lambda}_j^1 z_{jm} + \hat{s}_m^- = tz_{km} \quad m=1,\cdots,3$$

$$\sum_{j=1}^{30}\hat{\lambda}_j^1 y_{jp}^1 - \hat{s}_p^{1+} = ty_p^1 \quad p=1$$

$$\sum_{j=1}^{30}\hat{\lambda}_j^2 x_{jl}^2 + \hat{s}_l^{2-} = tx_{kl}^2 \quad l=1,\cdots,4$$

$$\sum_{j=1}^{30}\hat{\lambda}_j^2 z_{jm} - \hat{s}_m^+ = tz_{km} \quad m=1,\cdots,3$$

$$\sum_{j=1}^{30}\hat{\lambda}_j^2 y_{jq}^2 - \hat{s}_q^{2+} = ty_q^2 \quad q=1,\cdots,4$$

$$t,\hat{\lambda}_j^1,\hat{\lambda}_j^2,\hat{s}_i^{1-},\hat{s}_m^-,\hat{s}_p^{1+},\hat{s}_l^{2-},\hat{s}_m^+,\hat{s}_q^{2+} \geqslant 0$$

### 2. 动态评价模型——基于窗口法的 E-NSBM 模型

根据上文分析，本部分将 E-NSBM 模型与窗口分析法相结合，构建了环境治理绩效的动态评价模型，具体计算过程如下：

假设环境治理绩效评价的时期为 T 期，窗口分析实际上是将同一 DMU 不同时期的表现视为不同的样本，则一共有 $T \cdot n$ 个样本，令 $DMU_k$（ $k = 1, \dots, T \cdot n$ ）的投入、产出向量分别为：$x_k = (x_{1k}, x_{2k}, \dots, x_{mk})$ 和 $y_k = (y_{1k}, y_{2k}, \dots, y_{sk})$。当窗口宽度为 $\sigma$ 时，第 $t$（ $t = 1, \dots, T - \sigma + 1$ ）个窗口内包含 $n \times \sigma$ 个样本。则第 $t$ 个窗口内 $DMU_k$，$k = (t-1) \cdot n + 1, \dots, (t-1) \cdot n + \sigma \cdot n$ 的效率可以通过如下模型（6.22）得到。

$$\min \frac{\left[1 - \left(\sum_{i=1}^{3} \frac{s_i^{1-}}{x_{ki}^1} + \sum_{i=1}^{3} \frac{s_m^{1-}}{z_{ik}}\right)\bigg/4\right] + \left[1 - \left(\sum_{i=1}^{3} \frac{s_l^{2-}}{x_{kl}^2}\right)\right]}{\left[1 + \left(\sum_{i=1}^{3} \frac{s_p^{1+}}{y_p^1}\right)\bigg/4\right] + \left[1 + \left(\sum_{i=1}^{3} \frac{s_n^{2+}}{z_{kn}} + \sum_{i=1}^{3} \frac{s_q^{2+}}{y_q^2}\right)\bigg/4\right]}$$

$$s.t. \quad \sum_{j=1}^{n \times \sigma} \lambda_j^1 x_{ji}^1 + s_i^{1-} = x_{ki}^1 \qquad i = 1, \dots, 4$$

$$\sum_{j=1}^{n \times \sigma} \lambda_j^1 z_{jm} + s_m^{-} = z_{km} \qquad m = 1, \dots, 3$$

$$\sum_{j=1}^{n \times \sigma} \lambda_j^1 y_{jp}^1 - s_p^{1+} = y_p^1 \qquad p = 1 \qquad\qquad (6.22)$$

$$\sum_{j=1}^{n \times \sigma} \lambda_j^2 x_{jl}^2 + s_l^{2-} = x_{kl}^2 \qquad l = 1, \dots, 4$$

$$\sum_{j=1}^{n \times \sigma} \lambda_j^2 z_{jm} - s_m^{+} = z_{km} \qquad m = 1, \dots, 3$$

$$\sum_{j=1}^{n \times \sigma} \lambda_j^2 y_{jq}^2 - s_q^{2+} = y_q^2 \qquad q = 1, \dots, 4$$

$$\lambda_j^1, \lambda_j^2, s_i^{1-}, s_m^{-}, s_p^{1+}, s_l^{2-}, s_m^{+}, s_q^{2+} \geqslant 0$$

令模型的最优解为 $\lambda_j^{1*}, \lambda_j^{2*}, s_i^{1-*}, s_m^{-*}, s_p^{1+*}, s_l^{2-*}, s_m^{2+*}, s_q^{2+*}$ 则窗口 t 内，$DMU_k$ 的总效率为：

$$E_k^s = \frac{\left[1 - \left(\sum_{i=1}^{3} \frac{s_i^{1-*}}{x_{ki}^1} + \sum_{i=1}^{3} \frac{s_m^{1-*}}{z_{ik}}\right)\bigg/4\right] + \left[1 - \left(\sum_{i=1}^{3} \frac{s_l^{2-*}}{x_{kl}^2}\right)\right]}{\left[1 + \left(\sum_{i=1}^{3} \frac{s_p^{1+*}}{y_{kp}^1}\right)\bigg/4\right] + \left[1 + \left(\sum_{i=1}^{3} \frac{s_n^{2+*}}{z_{kn}} + \sum_{i=1}^{3} \frac{s_q^{2+*}}{y_{kq}^2}\right)\bigg/4\right]}$$

则窗口 $t$ 内，$DMU_k$ 阶段 1 和阶段 2 的效率则分别为：

$$E_k^1 = \frac{\left[1 - \left(\sum_{i=1}^{3} \frac{s_i^{1-*}}{x_{ki}^1} + \sum_{i=1}^{3} \frac{s_m^{1-*}}{z_{ik}}\right)\bigg/4\right]}{\left[1 + \left(\sum_{i=1}^{3} \frac{s_p^{1+*}}{y_{kp}^1}\right)\bigg/4\right]}$$

$$E_k^2 = \frac{\left[1 - \left(\sum_{i=1}^{3} \frac{s_l^{2-*}}{x_{kl}^2}\right)\right]}{\left[1 + \left(\sum_{i=1}^{3} \frac{s_n^{2+*}}{z_{kn}} + \sum_{i=1}^{3} \frac{s_q^{2+*}}{y_{kq}^2}\right)\bigg/4\right]}$$

模型（6.22）是一个非凸规划，求解十分困难，下面对模型（6.22）进行变形，将其转化为一个线性规划问题。令

$$\hat{\lambda}_j^1 = t\lambda_j^1, \hat{\lambda}_j^2 = t\lambda_j^2, \hat{s}_i^{1-} = ts_i^{1-}, \hat{s}_m^{1-} = ts_m^-, \hat{s}_p^{1+} = ts_p^{1+}, \hat{s}_l^{2-} = ts_l^{2-}, \hat{s}_n^{2+} = ts_m^+, \hat{s}_q^{2+} = ts_q^{2+}$$

通过 CC 变换（tone，2009）可将上述模型线性化为：

$$\min\left[t - \left(\sum_{i=1}^{3} \frac{\hat{s}_i^{1-}}{x_{ki}^1} + \sum_{i=1}^{3} \frac{\hat{s}_m^{1-}}{z_{km}}\right)\bigg/4\right] + \left[t - \left(\sum_{i=1}^{3} \frac{\hat{s}_l^{2-}}{x_{kl}^2}\right)\right]$$

$$s.t. \quad \left[t + \left(\sum_{i=1}^{3} \frac{\hat{s}_p^{1+}}{y_p^1}\right)\bigg/4\right] + \left[t + \left(\sum_{i=1}^{3} \frac{\hat{s}_n^{2+}}{z_{kn}} + \sum_{i=1}^{3} \frac{\hat{s}_q^{2+}}{y_q^2}\right)\bigg/4\right] = 1$$

$$\sum_{j=1}^{n\times\sigma} \hat{\lambda}_j^1 x_{ji}^1 + \hat{s}_i^{1-} = tx_{ki}^1 \quad i = 1, \cdots, 4$$

$$\sum_{j=1}^{n\times\sigma} \hat{\lambda}_j^1 z_{jm} + \hat{s}_m^- = tz_{km} \quad m = 1, \cdots, 3$$

$$\sum_{j=1}^{n\times\sigma} \hat{\lambda}_j^1 y_{jp}^1 - \hat{s}_p^{1+} = ty_p^1 \quad p = 1$$

$$\sum_{j=1}^{n\times\sigma} \hat{\lambda}_j^2 x_{jl}^2 + \hat{s}_l^{2-} = tx_{kl}^2 \quad l = 1, \cdots, 4$$

$$\sum_{j=1}^{n\times\sigma} \hat{\lambda}_j^2 z_{jm} - \hat{s}_m^+ = tz_{km} \quad m = 1, \cdots, 3$$

$$\sum_{j=1}^{n\times\sigma} \hat{\lambda}_j^2 y_{jq}^2 - \hat{s}_q^{2+} = ty_q^2 \quad q = 1, \cdots, 4$$

$$t, \hat{\lambda}_j^1, \hat{\lambda}_j^2, \hat{s}_i^{1-}, \hat{s}_m^-, \hat{s}_p^{1+}, \hat{s}_l^{2-}, \hat{s}_m^+, \hat{s}_q^{2+} \geqslant 0$$

该方法具有几个优点：①可以一次求出总系统和分系统的效率；②可以对系统效率进行分解，总系统效率是各分系统效率的加权平均；③由于是包络形式的模型，能够容易地找到改进目标，为效率改进提供有效标杆；④该模型具有很强的区分度，尤其是在多指标的时候，避免的了传统 DEA 方法很多 DMU 效率为 1 的弊端。

## 6.3  协同推进高水平保护与高质量发展效率的评价指标

### 6.3.1  评价指标选择原则

科学的绩效评价工作需要建立一个科学合理的评价标准，协同推进高水平保护与高质量发展的效率评价指标体系是对环境治理能力的客观评价与反映，因此构建评价指标体系一方面要遵循构建指标体系的一般原则，另一方面，还要根据环境治理的主要影响因子来确定。具体来说，政府环境治理评价指标体系的构建应遵循以下原则：

（1）科学性和可操作性相结合原则。

首先，协同推进高水平保护与高质量发展的效率评价指标体系的设计要符合环境治理的客观规律和要求，既要科学地概括绿色经济的基本特征，又能对环境治理能力进行评价，为科学地进行环境治理、发展绿色经济做决策提供客观依据。其次，在构建协同推进高水平保护与高质量发展的效率评价指标体系时，必须采取严谨的态度用标准化的衡量尺度进行指标的取舍，保持事实和数据的统一性，在分析估计模型计算结果出现可能的偏差时，要尊重客观计算结果。再次，协同推进高水平保护与高质量发展的效率评价指标要能科学地反映概念，明确计算范围，选择的环境治理指标所依据的事实应该是全面的、具有内在逻辑关系的，而不是零散的、个别的。协同推进高水平保护与高质量发展的效率评价指标体系的设计要科学地反映各环境治理的能力。

（2）全面性与主导性原则。

环境治理系统是一个全方位、多要素的多维度复合系统，系统内部各因素之间既密切联系又相互制约。政府环境治理的重点是通过节约能源、提高能效、提高物质循环利用率、降低碳排放或零排放，减少环境污染，促进社会、人与自然协调发展。然而，一套指标体系不可能涵盖所有的碳排放指标、能耗指标、污染指标、碳治理指标，但必须全面反映当前我国社会经济发展中迫切需要解决的高碳排放、高能耗和高污染的主要问题。因此，选取指标时需选择那些有代表性、信息量大的指标。

（3）整体性与连续性原则。

指标体系作为一个整体，应该较全面反映政府环境治理的具体特征，主要状态特征及动态变化、发展趋势。科学有效的协同推进高水平保护与高质量发展的效率评价指标体系的建立，不是一蹴而就的，而是一个长期的实践检验的过程。保持指标体系的连续性，不仅可以起到不同时间段的比较参考作用，还可以通过对时间序列的指标的评价排序来发现绩效的演变趋势，预测未来趋势，并起到有效的预测警示作用。因此，协同推进高水平保护与高质量发展的效率评价指标体系不仅要保证空间上的整体性，还要保证时间上的连续性。

（4）动态性与稳定性原则。

地方政府的环境治理是动态过程。这主要表现在两方面：一是指标设置的动态性，即指标应随着社会、经济、生态的发展作适当的调整；二是指标权重动态性，指的是指标体系在一定时期内的相对稳定性，所以，设计指标体系需兼顾静态指标和动态指标平衡。既反映经济发展的现状，又反映其动态变化性。

此外，指标获取的难易程度用指标获取的难度因数来度量。指标的难度一般分为容易、较易、较难和困难几个等级。指标获取的难度由专家来评定。一般说来，定量指标比定性指标易于取得，具体指标比综合指标易于取得。因此，应该尽可能地选择定量指标和具体指标。

## 6.3.2　评价指标体系构建方法

### 1. 指标体系的初建

在明确了协同推进高水平保护与高质量发展的效率这样一个目标之后，首先是要选择与之相关的指标，指标之间可以允许部分的重复，而且允许存在少量难操作甚至是不可操作的指标。一般而言，指标体系的初建有几下几种方法：

（1）德尔菲法。

是采用背对背的通信方式征询专家小组成员的关于环境治理指标体系设计的意见，经过几轮征询，使专家小组的意见趋于集中，最后提出符合协同推进高水平保护与高质量发展的效率评价要求的指标。德尔菲法又名专家意见法或专家函询调查法，是依据系统的程序，采用匿名发表意见的方式，即团队成员之间不得互相讨论，不发生横向联系，只能与调查人员发生关系，以反复的填写问卷，以集结问卷填写人的共识及搜集各方意见。由于吸收不同的专家对于协同推进高水平保护与高质量发展的效率评价指标选择的不同意见，充分利用了专家的经验和学识，最终结论的可靠性较高。由于采用匿名或背靠背的方式，能使每一位专家独立地做出自己的判断，不会受到其他繁杂因素的影响，最终结论的客观性较强。预测过程必须经过几轮的反馈，使专家的意见逐渐趋同，再经过汇总分析得出指标集，最终结论具有统一性。正是由于德尔菲法具有以上这些特点，使它在诸多判断预测或决策手段中脱颖而出。在使用这种方法时，正确选用专家是成功的关键。

（2）综合分析法。

分析法是把事物和现象的整体分割成若干部分进行研究和认识的一种思维方法。它是一种科学的思维活动，是在通过感性认识获得大量感性知识基础上进行的。综合法是把剖析过的事物和现象的各个部分及其特征，结合为一个整体概念的思维方法。用综合分析法选择协同推进高水平保护与高质量发展的效率评价指标体系，可以对现有的指标体系进行归纳综合，然后按照不同的评价内容分成不同的组或者不同的模块，对每一个部分选择一个或者几个指标来作为某个特征的评价指标，比如地方政府的环境治理绩效，不仅包括对污染控制能力的评价，也包括对资源消耗强度的评价，这样就可以分成不同模块来选择相对应的指标。

（3）聚类分析法。

聚类分析法是依据研究对象的特征，对其进行分类的方法，减少研究对象的数目，目的是将性质相近事物归入一类。采用该种方法首先要将协同推进高水平保护与高质量发展的效率评价的相关指标综合整理出来，通过聚类将具有类似特征的指标归为一类，找出具有普遍代表性的指标，形成新的指标体系。此种方法要在相似的基础上收集数据来分类，而且是当缺乏可靠的历史资料，无法确定共有多少类别时才有意义。

**2. 指标体系相关性分析**

在初建的指标体系中，一些指标之间可能存在高度的相关性，导致被评价单元信息的过度重复使用，而降低评价结果的科学性和合理性。通过各指标间的相关分析，可以判断哪些指标高度相关而重复的反应了被评价单元的信息，然后将高度相关指标中的其中一个予以删除。对评价指标进行相关分析的基本步骤如下：

第一步，评价指标标准化。由于评价指标往往是多量纲的，需要对各指标的原始数据进行无量纲处理，以减少或消除不同计量单位对评价结果的影响。假设 $x$ 为评价指标的原始数据，$s$ 为各评价指标的标准差，$z$ 为标准化值，则有

$$z_{ik} = \frac{x_{ik} - \bar{x}_i}{s_i}$$

第二步，计算相关系数 $R_{ij}$，计算公式为：

$$R_{ij} = \frac{\sum_{k=1}^{n}(z_{ik} - \bar{z}_i)(z_{jk} - \bar{z}_j)}{\sqrt{\sum_{k=1}^{n}(z_{ik} - \bar{z}_i)^2(z_{jk} - \bar{z}_j)^2}}$$

第三步，确定一个临界值 $M(0 < M < 1)$，当 $R_{ij} > M$ 时，删除其中一个指标；当 $R_{ij} < M$ 时，则两个评价指标都保留。

### 3. 评价指标鉴别力分析

评价指标的鉴别力是评价指标区分评价对象特征差异的能力。构建协同推进高水平保护与高质量发展的效率评价指标体系的目的是衡量和比较不同地方低碳经济发展的水平和环境治理的能力，因此所选用的指标必须具有评价不同协同推进高水平保护与高质量发展的效率差异的辨别能力。如果被评价的每个地方在某个评价指标上的得分都趋于一致的高或低，那么就可以认为这个评价指标不具有鉴别力，不能诊断和识别出不同协同推进高水平保护与高质量发展的效率的强弱；如果被评价的每个地方在某个评价指标的得分上出现明显的不同，则表明这个评价指标具有较高的鉴别力，该指标就能够诊断和识别不同协同推进高水平保护与高质量发展的效率的强弱。在实际应用中，学者们通常用变差系数来描述指标的鉴别力。本研究也通过计算各个指标值分布的离散系数来度量各指标对协同推进高水平保护与高质量发展的效率的鉴别力。用 $C_i$ 表示变异系数，则有

$$C_i = \frac{S_i}{\bar{X}}$$

其中，$\bar{X} = \frac{1}{n}\sum_{i=1}^{n}X_i$ 为各指标的平均值，$S_i = \sqrt{\frac{1}{n-1}\sum(X_i - \bar{X})^2}$ 为各指

标的标准差。

变异系数$C_i$越大，则该指标的鉴别能力越强；反之，鉴别能力则越差。同样，根据实际需要确定一个临界值，小于临界值的说明不同协同推进高水平保护与高质量发展的效率在这个指标上趋于相同；大于临界值，说明这个指标具有较好的鉴别力和可比性，删除变差系数小于临界值的评价指标，保留其余指标，即可得到可比性较好的指标体系。

### 4. 指标体系信度检验

信度是衡量各评价指标反映被评价对象特征可靠程度的指标。从统计学意义上讲，信度是评价结果反映评价指标体系变异的程度。协同推进高水平保护与高质量发展的效率评价指标是一个多维度、多指标要素的体系，各指标之间应该相互独立、指标关系一致、内部结构良好。计算评价指标体系信度的方法很多，常用的有内部一致性信度、折半信度、重测信度和平行信度等。本研究采用内部一致性信度方法对评价指标体系的信度进行检验，运用克劳伯克（Cronbach）$\alpha$系数来测量评价体系的内部一致性信度，计算公式如下：

$$\alpha = \frac{m}{m-1}(1 - \frac{\sum s_i^2}{s^2})$$

上式中，$m$为评价指标的个数，$s_i^2$为第$i$个评价指标的方差，$s^2$是所有评价指标的总方差。经验表明，当$\alpha$达到了0.70时，评价指标体系就基本上符合了测量学的要求。

这里需要说明的是，通过以上方法设置评价指标体系时所选取的指标维度和领域层指标是具有共性特征的，其中规定的评价基本层面具有普遍意义。但由于时间空间条件的不同，指标要素的具体选取很难确定一个通用的标准，同时，在具体的评价中，受指标可获取性的限制，有少量指标要素可能会因为不能被采用而被剔除。

## 6.3.2 评价指标体系构建

### 1. 指标体系的类型

虽然目前关于协同推进高水平保护与高质量发展的研究是热点问题，

但是专门针对协同推进高水平保护与高质量发展的效率并没有一个完全统一的评价指标体系，往往是有不同的角度和不同的侧重点。区别于单纯的环境保护效率的评价，协同推进高水平保护与高质量发展的效率的评价除了关注环境保护效率之外，同时还要关注经济的高质量发展。国内外学界有关协同推进高水平保护与高质量发展评价的相关指标体系构建方式可大致分为单项指标评价与综合指标体系两种类型。

（1）单项指标体系。

单指标体系主要是通过一个具有代表性的指标或多个子指标整合而成的一个指标来表达可持续发展的有效性，这些指标可以从经济、生态、社会等不同角度来评价一个国家或地区的可持续发展水平。例如，根据社会发展状况评价指标、可持续经济福利指数、社会进步指数；根据经济评价指标的实际储蓄；立足于评价生态环境的生态足迹（EF）等。单指标评价结构简单，信息综合能力强，系统性强，逻辑一致性和针对性强，比较适宜操作和比较。但也存在着指标单一、描述功能相对薄弱、内容单一等问题，特别是内涵模糊的综合单一指标，对内涵丰富的基于绿色发展的环境协同治理缺乏说服力。

（2）综合评价指标体系。

综合评价指标体系由多个指标组成，每个指标都具有一定的相关性、结构复杂、范围广、描述性和适应性等特点，在众多的指标体系中，更倾向于表达社会经济活动与环境的关系。例如，2002 年，欧洲议会建立了可持续发展评价指标体系，包括 42 项供欧洲国家使用的指标。该指标体系较倾向于反映区域可持续发展的目标和关键问题。德国的可持续发展战略明确指出，指标必须与具体目标和任务挂钩，包括四个核心部分：代际公平、生活质量、社会凝聚力以及国际义务和责任，这些指标体系对不同层次和地区的可持续发展能力和水平具有较强的适应性。但由于综合指标类型多、覆盖面广，难以准确把握指标与总体目标之间的相关性、权重和阈值，导致综合程度差，进而影响评价功能的发挥。因此，对指标的选择提出了更高的要求，既要保证指标选择的科学性和综合性，又要保证指标的细化和代表性。

**2．影响评价指标体系因素**

在构建我国协同推进高水平保护与高质量发展效率评价指标体系时，要统筹兼顾生态环境保护类指标和经济高质量发展的相关指标，因此，首先要明确哪些因素是能够影响指标体系构建的主要因素，从而更加科学、精确地统计和筛选指标。协同推进高水平保护与高质量发展要从资源、环境、生态、增长质量、生活方式等全方位共同发力，实现全面协调发展。因此，影响评价指标体系构建的因素主要有以下几个方面：

（1）资源环境保护水平。

人类的发展是以自然资源的消耗为基础的，自然资源的消耗必然会对生态环境产生负外部性。如果要消除人类活动对自然资源承载的负面影响，各个主体都需要加大资源保护和环境治理力度。可见，资源环境保护水平主要从资源消耗和生态环境管理两个方面来衡量，其中包括了人类对环境的影响，人类对环境的治理以及环境质量的变化情况。因此，在构建我国协同推进高水平保护与高质量发展绩效评价指标体系的过程中，有必要将有关影响资源环境质量的主要指标纳入评价体系。环境保护方面主要包括造林面积、清洁生产、水土流失治理率、城市环境基础设施投资、建成区人均绿地面积、空气质量改善、地表水体质量改善、化肥施用合理化、农药施用合理化、土壤质量改善、城市生活垃圾无害化处理率、农村生活环境综合整治率、集中式饮用水水源地水质达标率、轨道交通占城市公共交通客运总量比重增长率等指标；资源节约方面主要包括城市污水处理厂集中处理率、单位国内生产总值能耗降低率、单位工业增加值能耗降低率、规模以上工业企业节能达标率、节能环保产业增加值占国内生产总值的比重、可再生资源循环利用率、淘汰落后能源生产、单位国内生产总值能耗降低率、危险废物处置利用率等指标。

（2）生态承载力。

"生态承载力"主要包含两层基本含义：一种含义是指整个生态环境系统中各环境子系统和资源的供给能力和承载力极限，以及生态环境系统的自我调节和运行维护为生态承载力提供支撑的部分。另一个含义是指经济发展系统中各社会经济子系统的可持续发展能力，属于生态承载力的压力部分。生态承载能力的高低直接决定了人类生产生活的方式与范围，同时也将作为协同推进高水平保护与高质量发展绩效评价的参照标准和参考内容。主要包括森林覆盖率、湿地保护率、水土保持率、自然保护地面积占陆域国土面积比例、重点生物物种种数保护率等。

（3）经济发展水平。

绿色发展强调不能脱离经济发展去谈环境治理，因为抛开保持经济增长的需求，就无法保障人民物质生活水平乃至国家治理能力的持续提升，环境治理更无从谈起。但是从另一方面来看，如果过于追求经济发展的速度，甚至以牺牲环境为代价，就会陷入以往"谁污染谁治理"或者"先污染后治理"的怪圈，同样不利于我国长期可持续发展。因此，协同推进高水平保护与高质量发展绩效评价中对于经济体系的评价指标应该在符合生态规律的前提下，更加关注经济发展中的结构、生态效益等指标因素，在生态保护的前提下适度保持经济增长速度和发展规模，将倡导以生态工业、生态农业、生态旅游业和环保产业等为核心，以资源高效循环利用、减少污染排放、开发可替代能源为主要手段的绿色经济发展模式作为指标评价的重要依据。

（4）资源环境制度建设。

习近平总书记指出：只有实行最严格的制度、最严密的法治，才能为生态文明建设提供可靠保障。协同推进高水平保护与高质量发展绩效评价的最终落脚点就是要评估各地区、各主体在协同推进高水平保护与高质量发展方面所做的努力和取得的成效。其中，制度建设包括配合协同推进高水平保护与高质量发展的各级政府、市场、社会管理制度，体现了各治理主体在协同推进高水平保护与高质量发展过程中的具体作为，是重要保障。有了制度保障还必须要有严格的执行标准，良好的执行情况。因此，协同推进高水平保护与高质量发展绩效评价指标体系可以从以下几方面来进行考察：第一，当前建立的正式制度体系是否有利于地方协同推进高水平保护与高质量发展；第二，各地协同推进高水平保护与高质量发展的具体目标任务、工作重点是否明确，包括耕地红线执行情况、水资源管理"三条红线"执行情况、生态红线制度执行情况、规划环评执行率、资源环境信息公开率、规上工业企业节能监察达标率等；第三，企业和社会公众对于协同推进高水平保护与高质量发展的认识程度和参与水平如何，例如公众对整体生态经济环境以及政府环境治理效果是否满意，企业和民众是否有相应渠道参与当地环境治理等。

（5）工作生态环境满意度。

公众对生态环境各方面的满意程度是协同推进高水平保护与高质量发展绩效的重要衡量标准。要能反映人居环境健康的各个方面，重点关注公众反映强烈且与生活密切相关的领域，包括社会公众对本地区生态环境总体情况的满意度，对生态环境改善状况的判断，以及对地区自然环境、市政环境卫生及污染和治理情况等三方面的满意程度。

目前，我国关于环境治理和高质量发展相关的评价指标体系较多，其中绿色发展指标体系、美丽中国建设评估指标体系、"十四五"时期资源环境主要指标等可以作为构建协同推进高水平保护与高质量发展绩效评价指标体系的重要依据。其中，绿色发展指标体系包含资源利用、环境治理、环境质量、生态保护、增长质量、绿色生活、公众满意程度等 7 个方面，共 56 项评价指标，采用综合指数法测算生成绿色发展指数，衡量地方每年生态文明建设的动态进展。把资源利用、环境治理、生态效益等指标的情况反映出来，有利于加快构建经济社会发展评价体系，更加全面地衡量发展的质量和效益，特别是发展的绿色化水平。资源利用维度包括能源消耗总量、单位 GDP 能源消耗降低、单位 GDP 二氧化碳排放降低、非化石能源占一次能源消费比重、用水总量、王源 GDP 用水量下降、单位工业增加值用水量降低率、农田灌溉水有效利用系数、耕地保有量、新增建设用地规模、单位 GDP 建设用地面积降低率、资源产出率、一般工业固体废物综合利用率、农作物秸秆利用率等 14 个二级指标；环境治理维度包括化学需氧量排放总量减少、氨氮排放总量减少、二氧化硫排放总量减少、氮氧化物排放总量减少、危险废物处理利用率、生活垃圾无害化处理率、污水集中处理率、环境污染治理投资占 GDP 比重等 8 个二级指标；环境质量包括地级及以上城市空气优良天数比率、细颗粒物（PM2.5）未达标地级及以上城市浓度下降、地表水达到或好于 III 类水体比例、地表水劣V类水体比例、地级及以上城市集中式饮用水水源地水质达到或优于 III 类比例、近岸水质邮箱比例、受污染耕地安全利用率、单位耕地面积化肥使用量、单位耕地面积农药使用量等 10 个二级指标；生态保护维度包括森林覆盖率、森林蓄积量、草原综合植被覆盖度、自然岸线保有率、湿地保护率、陆地自然保护区面积、海洋保护区面积、新增水土流失治理面积、可治理沙化土地治理率、新增矿山恢复治理面积等 10 个二级指标；增长质量维度包括人均 GDP 增长、居民人均可支配收入、第三产业增加值占 GDP 比重、战略性新兴产业增加值占 GDP 比重、研究与试验发展经费支出占 GDP 比重等 5 个二级指标；绿色生活维度包括公共机构人均能耗降低率、绿色产品市场占有率（高效节能产品市场占有率）、新能源汽车保有量增长率、绿色出行（城镇每万人口公共交通客运量）、城镇绿色建筑占新建建筑比重、城市建成区绿地率、农村自来水普及率等 7 个二级指标；公众满意程度维度包括农村卫生厕所普及率和公众对生态环境质量满意程度 2 个二级指标。

2020 年 3 月国家发展改革委印发的《美丽中国建设评估指标体系及实施方案》，美丽中国建设评估指标体系包括空气清新、水体洁净、土壤安全、生态良好、人居整洁 5 类指标。按照突出重点、群众关切、数据可得的原则，注重美丽中国建设进程结果性评估，分类细化提出 22 项具体指标。后续将根据党中央、国务院部署以及经济社会发展、生态文明建设实际情况，对美丽中国建设评估指标体系持续进行完善。空气清新包括地级及以上城市细颗粒物（PM2.5）浓度、地级及以上城市可吸入颗粒物（PM10）浓度、地级及以上城市空气质量优良天数比例 3 个指标。水体洁净包括地表水水质优良（达到或好于 III 类）比例、地表水劣V类水体比例、地级及以上城市集中式饮用水水源地水质达标率 3 个指标。土壤安全包括受污染耕地安全利用率、污染地块安全利用率、农膜回收率、化肥利用率、农药利用率 5 个指标。生态良好包括森林覆盖率、湿地保护率、水土保持率、自然保护地面积占陆域国土面积比例、重点生物物种种数保护率 5 个指标。人居整洁包括城镇生活污水集中收集率、城镇生活垃圾无害化处理率、农村生活污水处理和综合利用率、农村生活垃圾无害化处理率、城市公园绿地 500 米服务半径覆盖率、农村卫生厕所普及率 6 个指标。美丽中国是生态文明建设成果的集中体现，这些指标也可以作为构建协同推进高水平保护与高质量发展绩效评价指标体系的重要依据。

## 6.4　本章小结

　　本章主要针对协同推进高水平保护与高质量发展效率评价方法和标准进行梳理，并结合本文的研究范畴构建了评价模型，对选择评价指标的方法和考虑因素进行了分析。其中评价体系主要包括 IOOI、三成分模型、PSR、DSR 以及 DPSIR 模型；重点论述了 DEA 法的基本思想和基本模型，介绍了 DEA 交叉效率评价模型和网络 DEA 模型，介绍了基于 DEA 方法的动态评价模型，包括一般动态绩效指数、Malmquist 生产率指数、DEA 窗口分析法，这些方法和模型为实证研究提供了合适的分析工具和模型。指标选取方法主要包括构建单项指标体系和构建综合指标体系，重点介绍了指标体系的选择方法和影响评价指标选取的因素，主要包括生态承载力、环境保护水平、绿色经济发展水平、社会公众意识和资源环境制度建设等。

# 第 7 章　协同推进高水平保护与高质量发展路径探索

协同推进环境高水平保护和经济高质量发展是一个多维度多层次的体系架构，但落实到具体实施方法上，协同推进环境高水平保护和经济高质量发展也必将最大限度地发挥政府、市场和公众等主体的协同力量。面对日益恶化的生态环境以及"区域公共问题"的不断复杂化和外溢效应的不断扩大，各治理主体必须充分整合自身资源，依据自身禀赋进行协同合作。正如哈肯教授在《协同学-大自然构成的奥秘》一书的序言中所说：如果一个群体的单个成员之间彼此合作，他们就能在生活条件的数量和质量得以改善，获得在离开此种方式时所无法取得的成效。"协同治理"以其后现代性的文化视野，通过多种合力来纠正政府行为、企业行为和公众行为，对于实现协同推进环境高水平保护与经济高质量发展的良性互动和以善治为目标的合作化进程，改善和提高协同推进环境高水平保护与经济高质量发展的绩效具有重要意义。

本章共分为 3 节，第 1 节对协同推进环境高水平保护与经济高质量发展的不同主体之间的协同关系进行分析的基础上，构建推进环境高水平保护与经济高质量发展的协同模式；第 2 节提出协同推进高水平保护与高质量发展的具体对策；第 3 节是本章小结。

## 7.1　推进高水平保护与高质量发展的协同模式

作为协同推进环境高水平保护与经济高质量发展的重要主体的地方政府，不仅要追求地方公共利益的最大化，还要实现自身政治经济利益的最大化，这种内在冲动使得各地方政府形成了各自为政、全力争夺各种资源的竞争关系，尤其是在政治影响力相当、经济实力相仿和地理位置接近的同级地方政府之间，而在环境治理领域表现尤为突出。在中国现实中，地方政府间的竞争关系也包括地方政府官员的晋升竞争。他们不仅是关注经济和社会利益的"经济参与人"，也是关注政治利益的"政治参与人"。

在以经济增长为主要效率考核指标的政绩考核体系下，这种竞争博弈导致了地方政府间为争夺资源发展经济而不惜大力发展高能耗、高污染和高排放的产业，导致资源配置的无效率，对国家整体利益造成了不利影响，双方更是在相互博弈中陷入恶性竞争的"囚徒困境"。作为理性"经济人"的地方政府，在经历了恶性竞争的两败俱伤后逐渐认识到需要突破"囚徒困境"，形成一种新的、既有竞争又有合作的博弈态势。由于一定区域内地方政府利益的大体一致性，地方政府开始关注相邻行政区域的发展动态，改变过去以相邻行政区域为竞争对手的思路，各地方政府间寻求合作的动因大大强化。面对日益恶化的生态环境以及"区域公共问题"的不断复杂化和外溢效应的不断扩大，各地方政府要想提高其环境治理绩效，并实现整个社会环境治理绩效的提高，必须充分整合自身资源，依据自身禀赋进行协同治理。

## 7.1.1　不同主体间的协同演化分析

根据本研究从微观层面对协同推进环境高水平保护与经济高质量发展的界定，协同推进环境保护和经济发展是以地方政府、企业和公众之间的相互合作与协调为基础的，因此，本章中所讨论的协同推进环境高水平保护与经济高质量发展主要包括两层含义，一是地方政府、企业和公众等不同主体之间的协同；二是区域之间的政府协同。研究推进环境高水平保护与经济高质量发展的不同主体之间协同演化过程旨在揭示协同治理的一般机理。

### 1. 政府、企业和公众间的协同演化分析

假设 $G$、$E$、$P$ 分别代表政府、企业和公众，同上，为了刻画这三个治理主体演化过程中的相互竞争作用，引入参数 $\chi_{ij}(i,j=1,2)$，称为治理主体 $j$ 对治理主体 $i$ 的竞争影响力参数，根据逻辑斯蒂增长（Logistic growth）模型，可得出政府、企业和公众三者间的协同演化模型：

$$f_1(x_1,x_2,x_3)=\frac{dx_1}{dt}=\alpha_1 x_1(1-x_1-\chi_{12}x_2-\chi_{13}x_3) \qquad （7.1）$$

$$f_2(x_1,x_2,x_3)=\frac{dx_2}{dt}=\alpha_2 x_2(1-x_2-\chi_{21}x_1-\chi_{23}x_3) \qquad （7.2）$$

$$f_3(x_1,x_2,x_3)=\frac{dx_3}{dt}=\alpha_3 x_3(1-x_3-\chi_{31}x_1-\chi_{32}x_2) \qquad (7.3)$$

式（7.1）、（7.2）、（7.3）中 $x_1,x_2,x_3$ 分别为 $G$、$E$、$P$ 的有序度发展水平；$\alpha_1,\alpha_2,\alpha_3$ 分别为 $G$、$E$、$P$ 的增殖系数，体现政府、企业和公众在整个环境治理和经济发展协同系统中的表现程度。演化方程（7.1）体现了企业和公众是通过影响参数 $\chi_{12}$ 和 $\chi_{13}$ 起作用的，企业和公众是否进行环境治理都会对政府的环境治理绩效起到促进或制约作用，演化方程（7.2）则体现了政府和公众对企业的影响是通过影响参数 $\chi_{21}$ 和 $\chi_{23}$ 起作用的，政府环境治理政策的制定以及指标任务的下达、公众对环境治理的态度也会影响企业进行环境治理的决策，演化方程（7.3）则体现了政府和企业对公众的影响是通过影响参数 $\chi_{31}$ 和 $\chi_{32}$ 起作用的，政府的政策和企业的决策会对公众的行为产生影响，这种影响可能是激励公众积极参与到环境治理中来，也可能是使得公众对环境治理漠不关心。

若 $\alpha_i(i=1,2,3)>0$，说明环境治理和经济发展系统自身在整体上处于进化的状态；当 $\alpha_i(i=1,2,3)<0$，则说明环境治理和经济发展系统自身在整体上处于退化状态。若 $\chi_{ij}(i,j=1,2,3)>0$，说明政府、企业和公众之间是一种竞争关系，治理主体 j 的环境治理行为反而不利于治理主体 i 的发展，治理主体 i 的环境治理效益受到了不同程度的限制；当 $\chi_{ij}(i,j=1,2)<0$，说明治理主体 j 与治理主体 i 之间是一种合作关系，治理主体 j 的进化有利于治理主体 i 的环境治理绩效的改进（或者环境治理效益的提升），这是一种相互促进的协同作用。

根据方程（7.1）、（7.2）、（7.3），令 $f_1(x_1,x_2,x_3)=0$，$f_2(x_1,x_2,x_3)=0$，$f_3(x_1,x_2,x_3)=0$，从而得到 5 个平衡点：$E_1(0,0,0)$，$E_2(0,0,1)$，$E_3(0,1,0)$，$E_4(1,0,0)$ $E_5(\frac{z_1}{z},\frac{z_2}{z},\frac{z_3}{z})$，其中：

$$z=\begin{vmatrix}1 & \chi_{12} & \chi_{13}\\ \chi_{21} & 1 & \chi_{23}\\ \chi_{31} & \chi_{32} & 1\end{vmatrix},\quad z_1=\begin{vmatrix}1 & \chi_{12} & \chi_{13}\\ 1 & 1 & \chi_{23}\\ 1 & \chi_{32} & 1\end{vmatrix},\quad z_2=\begin{vmatrix}1 & 1 & \chi_{13}\\ \chi_{21} & 1 & \chi_{23}\\ \chi_{31} & 1 & 1\end{vmatrix},$$

$$z_3 = \begin{vmatrix} 1 & \chi_{12} & 1 \\ \chi_{21} & 1 & 1 \\ \chi_{31} & \chi_{32} & 1 \end{vmatrix}$$

则 $E_5(\dfrac{z_1}{z}, \dfrac{z_2}{z}, \dfrac{z_3}{z})$ 的坐标为:

$$x_1' = \frac{z_1}{z} = \frac{1 - \chi_{23}\chi_{32} + \chi_{12}\chi_{23} - \chi_{12} + \chi_{13}\chi_{32} - \chi_{13}}{1 + \chi_{12}\chi_{23}\chi_{31} + \chi_{13}\chi_{21}\chi_{32} - \chi_{23}\chi_{32} - \chi_{12}\chi_{21} - \chi_{13}\chi_{31}}$$

$$x_2' = \frac{z_2}{z} = \frac{1 - \chi_{23} + \chi_{23}\chi_{31} - \chi_{21} + \chi_{13}\chi_{21} - \chi_{13}\chi_{31}}{1 + \chi_{12}\chi_{23}\chi_{31} + \chi_{13}\chi_{21}\chi_{32} - \chi_{23}\chi_{32} - \chi_{12}\chi_{21} - \chi_{13}\chi_{31}}$$

$$x_3' = \frac{z_3}{z} = \frac{1 - \chi_{32} + \chi_{12}\chi_{31} - \chi_{12}\chi_{21} + \chi_{21}\chi_{32} - \chi_{31}}{1 + \chi_{12}\chi_{23}\chi_{31} + \chi_{13}\chi_{21}\chi_{32} - \chi_{23}\chi_{32} - \chi_{12}\chi_{21} - \chi_{13}\chi_{31}}$$

微分方程平衡点 $E_5(x_1', x_2', x_3')$ 的稳定性的判别标准为:
令:

$$r = \frac{\partial f_1(x_1', x_2', x_3')}{\partial x_1'} + \frac{\partial f_2(x_1', x_2', x_3')}{\partial x_2'} + \frac{\partial f_3(x_1', x_2', x_3')}{\partial x_3'} \tag{7.4}$$

$$s = \begin{vmatrix} \dfrac{\partial f_1(x_1', x_2', x_3')}{\partial x_1'} & \dfrac{\partial f_1(x_1', x_2', x_3')}{\partial x_2'} & \dfrac{\partial f_1(x_1', x_2', x_3')}{\partial x_3'} \\[3mm] \dfrac{\partial f_2(x_1', x_2', x_3')}{\partial x_1'} & \dfrac{\partial f_2(x_1', x_2', x_3')}{\partial x_2'} & \dfrac{\partial f_2(x_1', x_2', x_3')}{\partial x_3'} \\[3mm] \dfrac{\partial f_3(x_1', x_2', x_3')}{\partial x_1'} & \dfrac{\partial f_3(x_1', x_2', x_3')}{\partial x_2'} & \dfrac{\partial f_3(x_1', x_2', x_3')}{\partial x_3'} \end{vmatrix} \tag{7.5}$$

$$t = -\frac{\partial f_1(x_1', x_2', x_3')}{\partial x_1'} \cdot \frac{\partial f_2(x_1', x_2', x_3')}{\partial x_2'} - \frac{\partial f_1(x_1', x_2', x_3')}{\partial x_1'} \cdot \frac{\partial f_3(x_1', x_2', x_3')}{\partial x_3'}$$

$$- \frac{\partial f_2(x_1', x_2', x_3')}{\partial x_2'} \cdot \frac{\partial f_1(x_1', x_2', x_3')}{\partial x_1'} + \frac{\partial f_2(x_1', x_2', x_3')}{\partial x_3'} \cdot \frac{\partial f_3(x_1', x_2', x_3')}{\partial x_2'} \qquad (7.6)$$

$$+ \frac{\partial f_1(x_1', x_2', x_3')}{\partial x_2'} \cdot \frac{\partial f_2(x_1', x_2', x_3')}{\partial x_1'} + \frac{\partial f_1(x_1', x_2', x_3')}{\partial x_3'} \cdot \frac{\partial f_3(x_1', x_2', x_3')}{\partial x_1'}$$

当 $r < 0$、$s < 0$、$t < 0$ 时，平衡点 $E_5(x_1', x_2', x_3')$ 稳定；当 $r \geqslant 0$ 时，平衡点 $E_5(x_1', x_2', x_3')$ 不稳定。

又，由式（7.4）、（7.5）、（7.6）可知：

$$\frac{\partial f_1}{\partial x_1} = \alpha_1(1 - 2x_1 - \chi_{12}x_2 - \chi_{13}x_3) \qquad \frac{\partial f_1}{\partial x_2} = -\alpha_1\chi_{12}x_1 \qquad \frac{\partial f_1}{\partial x_3} = -\alpha_1\chi_{13}x_1 ;$$

$$\frac{\partial f_2}{\partial x_2} = \alpha_2(1 - 2x_2 - \chi_{21}x_1 - \chi_{23}x_3) \qquad \frac{\partial f_2}{\partial x_1} = -\alpha_2\chi_{21}x_2 \qquad \frac{\partial f_2}{\partial x_3} = -\alpha_2\chi_{23}x_2 ;$$

$$\frac{\partial f_3}{\partial x_3} = \alpha_3(1 - 2x_3 - \chi_{31}x_1 - \chi_{32}x_2) \qquad \frac{\partial f_3}{\partial x_1} = -\alpha_3\chi_{31}x_3 \qquad \frac{\partial f_3}{\partial x_2} = -\alpha_3\chi_{32}x_3 .$$

计算可知，平衡点 $E_1(0,0,0)$，$E_2(0,0,1)$，$E_3(0,1,0)$，$E_4(1,0,0)$ 的稳定性判别式如表7.1所示：

表7.1　平衡点的稳定性判别式

| 平衡点 | $r$ | $s$ | $t$ |
|---|---|---|---|
| $E_1(0,0,0)$ | $\alpha_1 + \alpha_2 + \alpha_3$ | $\alpha_1 \cdot \alpha_2 \cdot \alpha_3$ | $-\alpha_1\alpha_2 + \alpha_1\alpha_3 + \alpha_2\alpha_3$ |
| $E_2(0,0,1)$ | $(\alpha_1 + \alpha_2 + \alpha_3) -$ $(2\alpha_3 + \alpha_1\chi_{13} + \alpha_2\chi_{23})$ | $-\alpha_1\alpha_2\alpha_3 \cdot$ $(1 - \chi_{13})(1 - \chi_{23})$ | $\alpha_2(1 - \chi_{21})[\alpha_1 - \alpha_3(1 - \chi_{31})]$ $+ \alpha_1\alpha_3(1 - \chi_{31})$ |
| $E_3(0,1,0)$ | $(\alpha_1 + \alpha_2 + \alpha_3) -$ $(2\alpha_2 + \alpha_1\chi_{12} + \alpha_3\chi_{32})$ | $-\alpha_1\alpha_2\alpha_3 \cdot$ $(1 - \chi_{12})(1 - \chi_{32})$ | $\alpha_1(1 - \chi_{12})[\alpha_2 - \alpha_3(1 - \chi_{32})]$ $+ \alpha_2\alpha_3(1 - \chi_{32})$ |

续表

| 平衡点 | $r$ | $s$ | $t$ |
|---|---|---|---|
| $E_4(1,0,0)$ | $(\alpha_1+\alpha_2+\alpha_3)-$ $(2\alpha_1+\alpha_2\chi_{21}+\alpha_3\chi_{31})$ | $-\alpha_1\alpha_2\alpha_3\cdot$ $(1-\chi_{21})(1-\chi_{31})$ | $\alpha_1(1-\chi_{13})[\alpha_3-\alpha_2(1-\chi_{23})]$ $+\alpha_2\alpha_3(1-\chi_{23})$ |

以上 4 个平衡点中，$E_1(0,0,0)$ 表明政府、企业和公众进行环境治理所带来的效益（产出水平）都为 0，最终将导致谁都不进行环境治理，这是一种极端情况；平衡点 $E_2(0,0,1)$ 和 $E_3(0,1,0)$ 的含义分别是公众和企业将付出最大努力进行环境治理，而政府却不进行环境治理，这不符合"环境治理"这一前提；平衡点 $E_4(1,0,0)$ 表明的是政府将付出最大努力进行环境治理，而企业和公众将不参与环境治理，这和前面阐述的"政府、企业和社会公众的共同治理"这一概念相悖，因此，这四个平衡点都是没有实际意义的。

对应着平衡点 $E_5(x_1',x_2',x_3')$，政府、企业和公众之间相互竞争的影响力是不一样的，他们之间存在着竞争与合作，如果满足一定的条件，政府、企业和公众可以相互合作，向着一个稳定的状态协同发展。

**2. 地方政府之间的协同演化分析**

为研究简单起见，假设仅有两个政府，政府 1 和政府 2。分别用 $G_1$、$G_2$ 表示，为了刻画这两个政府演化过程中的相互竞争作用，引入参数 $\beta_{ij}(i,j=1,2)$，称为政府 $j$ 对政府 $i$ 的竞争影响力参数，同理，根据逻辑斯蒂增长（Logistic growth）模型，可得出地方政府间的协同演化模型：

$$f_1(x_1,x_2)=\frac{dx_1}{dt}=\alpha_1 x_1(1-x_1-\beta_{12}x_2) \tag{7.7}$$

$$f_2(x_1,x_2)=\frac{dx_2}{dt}=\alpha_2 x_2(1-x_2-\beta_{21}x_1) \tag{7.8}$$

式（7.7）、（7.8）中 $x_1,x_2$ 分别为 $G_1,G_2$ 的有序度发展水平；$\alpha_1,\alpha_2$ 分别为 $G_1,G_2$ 的增殖系数，体现政府 1 和政府 2 在环境治理中的表现程度。演化方程（7.4）体现了政府 1 对政府 2 是通过影响参数 $\beta_{12}$ 起作用的，政府 1 的行为会影响政府 2 的有序度水平。而演化方程（7.5）则体现了政府 2 对政府 1 的影响是通过影响参数 $\beta_{21}$ 起作用的。

若 $\alpha_i(i=1,2)>0$ ，说明环境治理系统自身在整体上处于进化的状态；当 $\alpha_i(i=1,2)<0$ ，则说明环境治理系统自身在整体上处于退化状态。若 $\beta_{ij}(i,j=1,2)>0$ ，，说明政府 $j$ 与政府 $i$ 之间是一种竞争关系，政府 $j$ 的环境治理绩效的改进反而不利于政府 $i$ 的效率改进，政府 $i$ 的环境治理绩效改进受到了不同程度的限制；当 $\beta_{ij}(i,j=1,2)<0$ ，说明政府 $j$ 与政府 $i$ 之间是一种合作关系，政府 $j$ 的环境治理绩效改进有利于政府 $i$ 的效率改进，这是一种相互促进的协同作用。

根据方程（7.4）和（7.5），令 $f_1(x_1,x_2)=0$ , $f_2(x_1,x_2)=0$ ，从而得

到 4 个平衡点：$E_1(0,0)$ ，$E_2(0,1)$ ，$E_3(1,0)$ ，$E_4(\dfrac{1+\beta_{12}}{1-\beta_{12}\beta_{21}},\dfrac{1+\beta_{21}}{1-\beta_{12}\beta_{21}})$

环境治理系统的发展最终将趋于稳定，因此，稳定点代表着系统的发展方向。$E_1(0,0)$ 点是不稳定点，在此点政府 1 和政府 2 都不会发生稳定状态。$E_2(0,1)$ 和 $E_3(1,0)$ 两个点分别为政府 1 和政府 2 的极值点，这两点上，两个政府各自通过挤占对方资源而达到它们的最大值，即一个政府将进行全力治理，而另外一个则推出环境治理，即为 0，反映为政府的完全独立状

态。平衡点 $E_4(\dfrac{1+\beta_{12}}{1-\beta_{12}\beta_{21}},\dfrac{1+\beta_{21}}{1-\beta_{12}\beta_{21}})$ 对应政府 1 和政府 2 都存在着演化的

状态，这种演化对应着环境治理绩效的增加或减少，分析该平衡点，可得协同进化的两种情况：

（1）部分竞争替代。

对应着稳定点 $E_2(0,1)$ 和 $E_3(1,0)$ 。当政府 1 对政府 2 的竞争力影响比较强烈时（ $\beta_{12}>1$ ），政府 1 环境治理绩效将改进，而政府 2 环境治理绩效出现负增长；当政府 2 对政府 1 的竞争力影响比较强烈时（ $\beta_{21}>1$ ），政府 2 环境治理绩效将改进，而政府 1 环境治理绩效出现负增长，这表明要使整体环境治理的有序度朝好的方向发展，就要保持政府 1 和政府 2 的相互协调，共同发展。

（2）部分竞争共存。

对应着稳定点 $E_4(\dfrac{1+\beta_{12}}{1-\beta_{12}\beta_{21}},\dfrac{1+\beta_{21}}{1-\beta_{12}\beta_{21}})$ ，政府 1 和政府 2 之间相互竞

争的影响力是不对等的。它们之间存在着竞争与合作，如果满足一定的条件，两个政府可以共同发展，向着一个稳定的更优的状态协同进化。

## 7.1.2　推进高水平保护与高质量发展的协同模式

地方政府进行环境治理的组织机制通常有两种，一种是采用传统的层级式集中治理组织机制，即地方政府根据上级（中央）政府的环境治理决策和规划进行治理，并通过市场和政策手段来激发地方政府、企业和公众的参与活力，这是"被组织"的治理模式；一种是政府的自组织协同机制，即地方政府与邻近政府或者与当地的企业、公众在共享信息、相互忠诚的基础上，根据地区经济发展态势进行环境治理的行动决策，各环境治理主体之间根据信息的传播相互影响和作用，最终自组织地进行协同治理，这是"自组织"的治理模式。环境治理离不开上级的宏观调控和管理，同时也需要自发地进行协同治理。基于此，本部分将从具体操作层面来研究"被组织"环境下推进环境高水平保护与经济高质量发展的协同模型。

首先，将协同过程分为两个层次。第一层次是地方政府与当地企业、公众之间的协同；第二层次为地方政府之间的协同。

其次，将两个层次的协同过程分别分为四个阶段。在上文分析和一些学者（Moenaert 和 Souder，1990；Ettlie 和 Reza，1992；郑刚，2004）的研究基础上，将两个层次的协同过程都分为冲突/竞争、交流/接触、合作、协同四个阶段。

### 1. 地方政府、企业和公众间的协同治理模型

良好的环境治理绩效需要地方政府、企业和公众的共同努力、协同治理。在协同的每一个阶段，每一个治理主体都有着不同的行为特征并发挥不同的作用，在从前一阶段向后一阶段推进的过程中，除了信息共享和相互忠诚等"自组织"的力量之外，还有市场和政策机制等"被组织"力量的推动。

第一阶段：冲突（Conflict）。在没有进行任何交流和沟通之前，地方政府、企业和个人针对环境治理有着不同的理念和目标，所表现出的行为特征主要是"冲突性"。首先，对地方政府来说，不仅要高效地落实中央政府下达的环境治理任务目标，而且也要兼顾地方经济发展为其带来的政治利益。因此，地方政府要通过各种手段宣传发动环境治理的目标，并与主要的污染排放者——企业签订环境治理目标责任状，却没有很好的制度约

束。其次，对于企业而言，始终以自身利润最大化为目标，与政府下达的环境治理目标相矛盾，在没有有效的奖惩措施的情况下，可能导致对政府的不信任而不愿意提供自己的信息，不与政府合作甚至产生冲突。最后，对于公众而言，每个人几乎都认为自己是资源环境恶化的受害者，而没有意识到自己也是环境的破坏者，对政府要求自己进行环境治理有反感情绪。同时，作为主要监督者的公众却又缺乏监督意识。如果冲突得不到解决的话，所导致的后果就是环境治理的目标没法实现，高能耗、高污染、高排放的状况还有可能进一步恶化，地方政府、企业会因此而受到相应的惩罚，而公众也会因为负公共产品的增加而降低幸福感。因此，冲突局面需要得到解决，各主体之间的交流和沟通不可避免。地方政府、企业和公众的主要行为特征如图 7.1 所示。

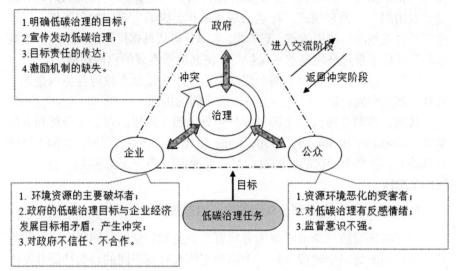

**图7.1 地方政府、企业和公众协同第一阶段：竞争阶段**

第二阶段：接触（Contact）。当第一阶段的冲突局面给地方政府、企业和个人带来了负效用的时候，各治理主体就会通过正式的活非正式的手段相互沟通和交流，为实现"共赢"而奋斗。在这一阶段，地方政府除了进一步宣传环境治理的重要性，扩大影响之外，要开始改变原有策略，制定相应的激励机制。企业也在政府的激励机制下开始落实环境治理的任务，然而，由于激励机制的不完善，企业可能不会付出最大的努力进行环境治理。而公众在地方政府的大力宣传和激励下开始有了监督的意识，但是却缺乏监督的方式和平台。其主要行为特征如图 7.2 所示。

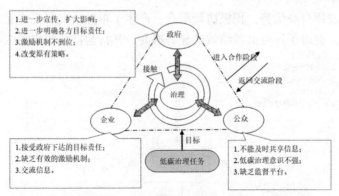

**图7.2　地方政府、企业和公众协同第二阶段：接触阶段**

　　第三阶段：合作（Collaboration）。在相互沟通和交流的基础上，地方政府、企业和个人都意识到他们有着共同的目标和愿景。于是，各治理主体之间开始加强相互之间的理解和信任，开始共享资源和信息。地方政府为了使合作治理向更好的方向发展，不断完善奖惩机制，并为企业提供必要的资金、物质支持，为公众监督构建良好的平台和渠道，同时也引入市场机制（比如排污权的市场交易等手段）以激励企业和公众广泛参，相互合作进行环境治理。企业在政策和市场机制的激励下，对政府的信任度增强并开始依赖于政府的信息、资金和物质的支持。公众也在政府的激励和示范作用下，开始主动进行环境治理，同时也利用各种渠道履行其监督职能并及时反馈信息，整个监督过程也依赖于政府的支持。其行为特征如图 7.3 所示。

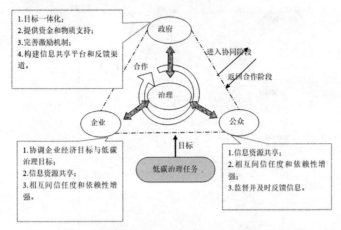

**图7.3　地方政府、企业和公众协同第三阶段：合作阶段**

　　第四阶段：协同（Synergy）。随着合作的不断深入，地方政府、企业和个人所共享的环境治理理念、目标和行为都达到了较高程度的整合状态，各主体通过发挥自身优势，积极协调配合，产生了单独治理所无法实现的整体最优效果，促进了环境治理绩效的显著提高。其行为特征如如图 7.4 所示。

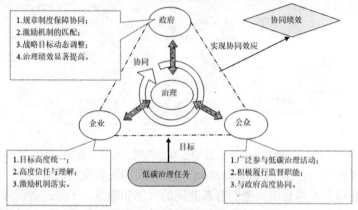

图7.4　地方政府、企业和公众协同第四阶段：协同阶段

根据以上各阶段的行为特征分析，可以对环境治理协同的第一层次构建如图 7.5 所示的协同过程模型图：

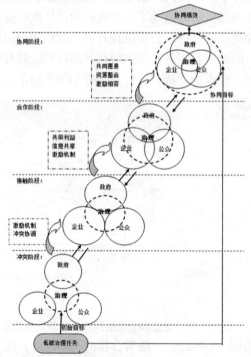

图7.5　第一层次协同过程模型：地方政府、企业和公众之间的协同

### 2. 地方政府之间的协同治理模型

如前文所分析，低碳环境供给的"公共性"客观上要求地方政府在环境治理时应该实行府际间的协同治理。具体协同过程如图 7.6 所示。

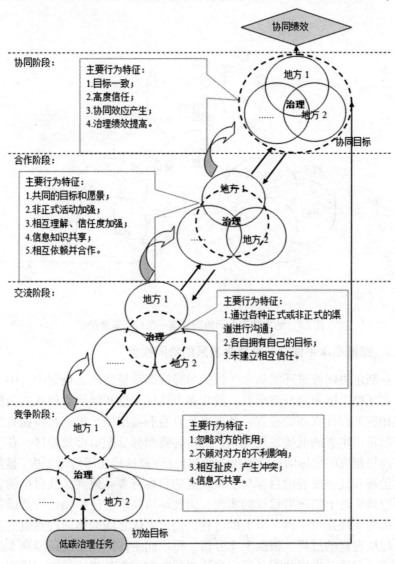

图7.6　第二层次协同过程模型：地方政府之间的协同

由于每一个地方的环境治理是在地方政府、企业和公众的协同的基础上进行的。因此，地方政府间的协同治理模型中的每一个地方都包含有地方政府、企业和公众的协同治理，以竞争阶段为例（其他阶段可依此类推），如图 7.7 所示。

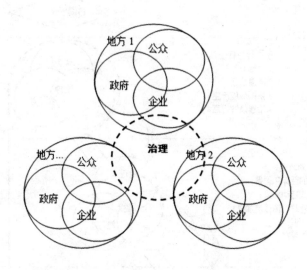

**图7.7 地方政府之间协同的第一阶段：竞争阶段**

### 3. 推进高水平保护与高质量发展的协同模型

在制定协同推进环境高水平保护与经济高质量发展的规划中，中央政府往往从整个国家的利益出发，设立多个环境治理和经济发展规划指标，并将相应的指标宣布给各省，各省再从自身利益出发，根据其所拥有的权限，制定出本省的低碳发展规划，然后再将指标分配给市及地区，各市及地区再将相应的指标信息传递给企业和公众，就这样层层传递下去。显然，环境治理和经济发展的目标与上级政府的目标有着一致性，其目标的实现与否也影响着上级政府目标的实现，因此环境高水平保护和经济高质量发展目标的实现是一个由下至上的过程，治理主体之间的协同过程也应该是一个层层递进的过程，根据上文分析，将不同主体协同推进环境高水平保护与经济高质量发展的第一层次和第二层次相结合就构成了协同模型，具体模型如 7.8 所示：

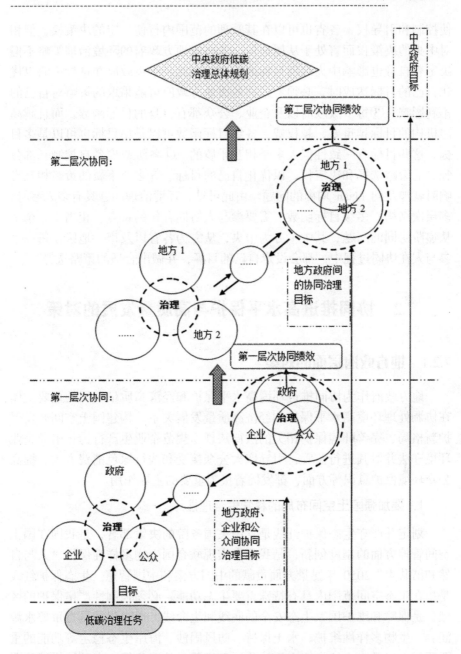

图7.8　地方政府环境治理协同模型

在这个环境治理目标层层传递的过程中，表现出了这样几个特点：①中央政府具有更大的权利，它可以通过宏观调控、对各省的环境治理行为行使控制和引导权，各省也可以在其管理的范围内行使一定的决策权，但相对中央的决策权而言处于从属地位。②各级地方政府的环境治理策略不但决定着自且也影响中央政府目标的达成。因此，中央政府在选择策略以优化自己的目标达成时，必须考虑到各级地方政府可能采取的策略对自己的不利影响。③每一级政府以及企业、公众都有自身的目标函数，而且越高层机构的目标越重要，越权威，各级目标函数可以是单目标也可以是多目标，这些目标有一致性但大多是相互矛盾的。④各级政府各自控制一部分独立的策略选择和决策权，以优化自己的目标。⑤多个下属的策略相互影响时就涉及到 Nash 均衡的问题。由此可见，环境治理问题具有多人参与、多层次结构、多级目标函数、需要参与人协同合作的特点。相当于一个主从递阶协同的问题，其中主方为中央，从方为各省以及市、地区，每一个参与人在协同过程中，都会设定自己的目标，并做出合适的策略选择。

## 7.2　协同推进高水平保护与高质量发展的对策

### 7.2.1　地方政府层面的对策

地方政府作为协同推进环境高水平保护和经济高质量发展的重要主体，在协调处理环境高水平保护和经济高质量发展关系，构建国土空间开发保护新格局、完善环境保护相关的法律法规、规范企业生产行为，引导企业环境守法并对其进行监管，引导广大公众接受和践行绿色消费方式、提高公众环境保护意识等方面，都发挥着极为重要的主导作用。

#### 1. 要加强国土空间布局的科学性合理性

划定并严守生态保护红线是党中央国务院的决策部署，是我国在国土空间管控方面的制度创新，是我国在实现联合国生物多样性保护 "人与自然和谐共生" 2050 年愿景方面贡献的中国方案和中国智慧。生态保护红线是指在生态空间范围内具有特殊重要生态功能、必须强制性严格保护的区域，是保障和维护国家生态安全的底线和生命线，通常包括具有重要水源涵养、生物多样性维护、水土保持、防风固沙、海岸生态稳定等功能的重要区域，以及水土流失、土地沙化、石漠化、盐渍化等生态环境敏感脆弱区域。地方政府要进一步加强资源的整合和有效利用，注重经济效益、社会效益，发挥资源重大功能的同时决不能忽视生态效益，立足资源环境承载能力，充分考虑生态布局，合理规划，逐步形成城市化地区、农产品主产区、生态功能区三大空间格局。要强化国土空间用途管控，落实生态保护、基本农田、城镇开发等空间管控边界，减少人类活动对自然空间的占用。尤其对于生态环境薄弱的区域，更要提前考察、合理规划，秉承绿色环保的理念，确保空气质量良好、生物多样性，具有较高的森林覆盖率、环境噪声达标率、垃圾无害处理率、污水处理率等，以及较低的水土流失率、自然灾害发生率等，不断优化人居生活环境。支持生态功能区把发展重点放到保护生态环境、提供生态产品上，支持生态功能区的人口逐步有序转移，形成主体功能明显、优势互补、高质量发展的国土空间开发保护新格局。

**2. 要用最严格制度最严密法治保护环境**

习近平总书记指出，"我国生态环境保护中存在的突出问题大多同体制不健全、制度不严格、法治不严密、执行不到位、惩处不得力有关。"并在 2018 年全国生态环境保护大会上的讲话中强调："用最严格制度最严密法治保护生态环境，加快制度创新，强化制度执行，让制度成为刚性的约束和不可触碰的高压线。"

第一，要加强制度创新和完善。要建立生态文明建设目标评价考核制度，地方政府生态文明建设考核要把生态环境保护放在突出位置，改变传统唯 GDP 论英雄的观念。让考核评价成为生态文明建设的"指挥棒"。习近平总书记指出："要建立科学合理的考核评价体系，考核结果作为各级领导班子和领导干部奖惩和提拔使用的重要依据。"并强调，如果环境指标很差，一个地方一个部门的表面成绩再好看也不行，不说一票否决，但这一票一定要占很大的权重。地方政府要把反映生态文明建设的指标融入到 GDP 指标计算中，不仅关注经济增长速度，也要注重生态建设，确保污染治理效率，坚持执行环境影响评价制度。要健全生态环境监测和评价制度。生态环境监测和评价是了解、掌握、评估、预测生态环境质量状况的基本手段，是生态环境信息的主要来源，也是生态治理科学决策的重要依据，在生态文明建设中具有基础性作用。地方政府要进一步扩大环境监测领域和监测范围，统筹部门环境监测数据，提高环境监测数据质量，加强生态环境监测制度与统计制度、评价制度、责任追究制度、奖惩制度等评价考核制度的衔接，提升生态环境监测和评价综合效能。完善环境公益诉讼制度。环境公益诉讼制度是公益诉讼制度在生态环境和资源保护领域的适用。2006 年国务院发布的《关于落实科学发展观加强环境保护的决定》

指出："鼓励检举和揭发各种环境违法活动，推动环境公益诉讼。"长期以来中国环境公益诉讼立法缺失，大量环境权益受到侵害的公众无法寻求法律保护，大量环境公益诉讼案件无法得到有效的处理。因此，建立更为科学、合理、有效的环境公益诉讼制度迫在眉睫。环境具有整体性，属于社会成员共同所有，这就决定了环境侵权行为的公害性，这使得每个人都可能成为公共环境权益的维护者，自发地为受到损害的环境公共权益寻求救济。《中华人民共和国环境保护法》第六条的规定"一切单位和个人都有保护环境的义务，并有权对污染和破坏环境单位和蔺个人进行检举和控告一。"检察机关作为国家法律监督机关，负有监督法律正确实施的职责，在国家利益和社会公共利益受到损害以后，检察机关应当有权代表国家和社会向法院提起公益诉讼。环保部门作为实施环境保护工作的监督管理部门，有责任也有义务对侵害国家利益、公共利益的环境污染和生态破坏行为提起公益诉讼，以保护国家利益和社会公共利益。完善生态环境公益诉讼制度，要积极构建环境公益诉讼案件处理法律体系，填补相关法律空白。同时，推进环境公益诉讼主体多元化发展，构建以检察机关、社会公益组织和群众共同参与的制度实施体系，明确职责，提升制度实施效果和效率。

第二，要加强制度的执行与落实。提高制度的执行力是对环境保护行为进行规制的首要前提，无疑地方政府可以通过法律责任制度安排来约束协同推进环境高水平保护与经济高质量发展各主体的行为来提高效率。地方政府要严格考核、严格问责，将生态环境考核结果作为干部奖惩和提拔使用的重要依据。要开展领导干部自然资源资产离任审计。生态环境保护能否落到实处，关键在领导干部。最严格的生态环境保护制度包括领导干部任期生态文明建设责任制。通过实行自然资源资产离任审计，认真贯彻依法依规、客观公正、科学认定、权责一致、终身追究的原则，明确各级领导干部责任追究情形。对造成生态环境损害负有责任的领导干部，不论是否已调离、提拔或者退休，都必须严肃追责。各级党委和政府要切实重视、加强领导，纪检监察机关、组织部门和政府有关监管部门要各尽其责、形成合力。要落实生态补偿和生态环境损害赔偿制度。

### 3. 要加快推动生产生活绿色化转型步伐

绿色发展是解决环境问题、实现高质量发展的根本之道。地方政府要做绿水青山就是金山银山的忠实践行者，加快推动形成绿色发展方式和生活方式。2017年5月，习近平总书记在十八届中央政治局第四十一次集体学习时的讲话中指出，推动形成绿色发展方式和生活方式，是发展观的一场深刻革命。"要像保护眼睛一样保护生态环境，像对待生命一样对待生态环境"。

从绿色发展方式来看，要改变过多依赖增加物质资源消耗、过多依赖规模粗放扩张、过多依赖高能耗高排放产业的发展模式，把发展的基点放到创新上来，塑造更多依靠创新驱动、更多发挥先发优势的引领型发展。要坚决摒弃损害甚至破坏生态环境的发展模式，坚决摒弃以牺牲生态环境换取一时一地经济增长的做法，让良好生态环境成为人民生活的增长点、成为经济社会持续健康发展的支撑点。加快对传统产业实行清洁生产和循环化改造，淘汰高能耗、高污染、高排放的落后产能，淘汰潜在环境风险大、升级改造困难的企业，以绿色发展新动能替代资源环境代价过大的旧动能，推进行业企业加快清洁生产等技术水平的创新提升；强化绿色发展的法律和政策保障，在生产、运输、流通各环节制定环保标准法规，加强环保督察巡查以及环境税、排污许可制度建设，充分发挥空间管控、防治攻坚、督查执法、环境政策等驱动力；大力发展绿色金融，支持绿色技术创新，加快培育发展高端装备制造、节能环保、新材料、新能源汽车等战略性新兴产业，推进清洁生产，发展环保产业；坚持节能优先方针，深化工业、建筑、交通等领域和公共机构节能，推动 5G、大数据等新兴领域能效提升，加快能耗限额、产品设备效能强制性国家标准制定；完善绿色产业发展导向政策，降低企业税费，加大财政转移支付和生态补偿能力，打造法制、透明、多元的市场环境，推进重点行业和重要领域绿色化改造。

从绿色生活方式来看，要积极开展绿色生活创建活动。开展污染防治行动，加强城乡生活环境治理，推进城镇污水管网全覆盖，基本消除城市黑臭水体，推进化肥农药减量化和土壤污染治理，加强白色污染治理，加强危险废物医疗废物收集处理，重视新污染物治理。坚持山水林田湖草系统治理，强化河湖长制，加强大江大河和重要湖泊湿地生态保护治理。推行草原森林河流湖泊休养生息，加强黑土地保护，健全耕地休耕轮作制度。倡导推广绿色消费，加强生态文明宣传教育，强化公民环境意识，推动形成节约适度、绿色低碳、文明健康的生活方式和消费模式，在全社会牢固树立生态文明理念，形成全社会共同参与的良好风尚，增强全民节约意识、环保意识、生态意识，培养生态道德和行为习惯。树立尊重自然、保护自然、积极健康的生活理念，在衣、食、住、行、游等方面遵循勤俭节约、绿色低碳、文明健康等原则，力戒奢侈浪费和不合理消费。充分尊重生态环境，重视环境卫生，培育生活方式绿色化的习惯。倡导居民使用绿色产品，倡导民众参与绿色志愿服务，引导民众树立绿色增长、共建共享的理念，使绿色消费、绿色出行、绿色居住成为人们的行动自觉。

## 7.2.2 市场企业层面的对策

协同推进环境高水平保护和经济高质量发展，依靠法治手段很重要，必要的行政手段很重要，市场手段也非常关键，尤其是对于企业这一重要主体而言，增强其进行环境保护的积极性、提高其环境治理的效率，引入市场机制尤为必要。

### 1. 引入价格、税收等市场机制

价格机制的引入有助于企业加强能耗强度的降低。降低能耗强度除了要降低能耗总量、还要优化能源消费结构。当前，我国的能源消耗结构主要以煤炭、石油为主，都是属于不可再生能源，其自然增长受储量的限制，价格作为决定能源消费需求的最基本变量，对于能源消耗总量的控制起着重要的作用，当不可再生的能源供给有限的情况下，能源价格的上涨必然会导致能源需求的下降，高的能源价格就会迫使高能耗企业通过技术改造降低其能耗，促进节能减排。此外，当这些不可再生能源价格太高时，企业便会有研发新型可再生能源的动力，由于可再生能源的自然增长率不受储量限制，可以保持一个相对较高的水平，所以价格相对较低，企业就会转而消费更多的可再生能源。因此，建立合理的能源价格机制，不仅可以促进高能耗企业降低能源消耗量，还可以促进其优化能源消费结构。税收机制的完善有助于企业加大环境治理投入。通过对污染企业征收环境税，一方面，可以让高污染企业的污染成本上升，迫使其加大环境治理投资力度、提高环境治理绩效。另一方面，通过征收环境税，将环境税税收收入用于环境治理技术研发或者环境治理设施的再投资，从技术层面解决环境治理设施运行效率低的问题。此外，要深入推进绿色税制改革，协同推进PM2.5和臭氧的协同控制，研究将VOCs纳入环境保护税征收范围，采取税收优惠和电价优惠政策，激励钢铁、焦化、水泥、平板玻璃等非电行业超低排放，研究新能源汽车的税收政策等等。

### 2. 建立市场化的生态补偿机制

建立和完善生态补偿机制，以统筹区域协调发展为主线，以体制创新、政策创新和管理创新为动力，充分发挥市场机制作用，动员全社会积极参与，逐步建立公平公正、积生态补偿机制极有效的生态补偿机制，逐步加大补偿力度，努力实现生态补偿的法制化、规范化，推动各个区域走上生产发展、生活富裕、生态良好的文明发展道路。要加强生态保护补偿效益评估，积极培育生态服务价值评估机构。加快建立生态保护补偿标准体系，根据各领域、不同类型地区特点，以生态产品产出能力为基础，完善测算方法，分别制定补偿标准。明晰市场准入规则、市场竞争规则和市场交易规则。鼓励受益地区与保护生态地区、流域下游与上游通过资金补偿、对口协作、产业转移、人才培训、共建园区等方式建立横向补偿关系。多渠道筹措资金，加大生态保护补偿力度。建立多元化的生态补偿机制，从生态补偿参与主体多元、补偿标的多元等方面入手，允许民间组织和资金参与其中，创新生态产品，可以以实物、技术、项目等多种方式推进生态补偿工作开展。

积极探索市场化生态补偿模式，推行用能权、用水权、排污权、碳排放权交易制度。完善的用能权、用水权、排污权、碳排放权交易制度能将外部性内化于资源开发利用的成本之中，充分发挥市场机制的作用。建立用能权、用水权、排污权、碳排放权交易市场，开展总量控制下的许可证交易；通过规定资源利用上线或污染排放红线，明确总量要求，并按照一定标准制定总量设定与配额方案；建立健全用能权、用水权、排污权、碳排放权交易平台、测量与核准体系，明确可交易的范围和类型、交易主体和期限、交易价格形成机制、交易平台运作规则；进一步完善用水权、排污权、碳排放权初始分配制度，完善有偿使用、预算管理、投融资机制，培育和发展交易平台，探索地区间、流域间、流域上下游等水权交易方式，加快推进重点流域、重点区域排污权交易，扩大排污权有偿使用和交易试点。鼓励各企业在交易市场上对节余配额进行交易并获得经济补偿，通过节余配额的交易来提高企业环境治理投资回报率，当环境治理行为可以改善企业自身福利时，环境治理投资的市场规模和收益就会扩大，这样不仅可以提高企业节约资源、控制污染的积极性，私人资本也会有动力介入环境治理投资以及低碳技术的研发。

### 3. 构建市场化环保投融资体系

协同推进环境高水平保护和经济高质量发展要构建市场化环境保护投融资体系。投资主体要实现多元化，要合理划分事权关系，形成政府、企业、社会组织和个人等多元投资主体；融资方式要实现多样化，除国家财政资金、银行资金、自筹资金和利用外资等传统融资方式之外，要大力探索多种融资方式的应用，如项目融资、租赁、股票债券、BOT、专项基金和绿色银行等等；信贷政策要实现绿色化，金融部门应根据绿色发展的原则，制定优先贷款、低息贷款、贴息贷款和禁止贷款等区别政策，支持企业实行清洁生产、节约能源和资源，加大绿色信贷力度以及绿色金融产品的研发，银行要做好污染治理、生态保护和建设的贷款，促进科技贷款、技术改造贷款同环境保护、改善生态环境的有效结合。

重点要大力发展绿色金融，根据 2016 年 8 月 31 日，人民银行等七部委发布的《关于构建绿色金融体系的指导意见》中，绿色金融定义为是指为支持环境改善、应对气候变化和资源节约高效利用的经济活动，即对环保、节能、清洁能源、绿色交通、绿色建筑等领域的项目投融资、项目运营、风险管理等所提供的金融服务。绿色金融可以促进环境保护及治理，引导资源从高污染、高能耗产业流向理念、技术先进的部门。完善绿色金融已经成为推动绿色发展的重要抓手，是培育绿色市场的必然要求。完善绿色金融机构建设，鼓励金融机构推广绿色信贷，建立各类绿色投资基金；完善对绿色金融的政策支持，加大对绿色信贷的贴息，降低绿色债券的发行门槛，建立绿色企业 IPO 通道；完善绿色金融的基础设施，加快碳交易和排放（污）权交易市场建设，开发和推广绿色股票指数，建立绿色投资者网络；完善绿色金融的法律体系，加强监管力度，明确金融机构的环境法律责任，建立强制性环境信息披露机制。鼓励各类投资进入环保市场。

### 7.2.3 社会公众层面的对策

协同推进环境高水平保护和经济高质量发展不仅要加强政府主导和市场机制的调节作用，更重要的是建立和完善全社会共同参与的全民行动体系。环境保护公众参与的推动，对创新环境治理机制、提升环境管治理能力具有重要意义。

#### 1. 进一步增强社会公众参与意识

近年来，随着人们生活品质的不断提升，社会大众的环保意识有了很大幅度的提高，不仅对与自己生活息息相关的空气、水、垃圾等污染状况，以及绿化、干净等生活环境越来越关注，而且对于绿色旅游、绿色生态产品等需求也越来越的。然而，总体来看，公众其对于环境问题与人类发展关系、与经济发展关系的认知以及如何应对环境风险以及改善环境的方法等依然缺乏。究其原因，一是公众深层次的环境理念、环境意识还没有真正形成，没有从根本上认识到环境问题解决的方式之一就是每一个公众的参与和行动；二是公众还缺乏参与环境保护具备的环境科学知识、素养和态度，包括独立的、理性的思考和判断。许多环境群体事件的出现，暴露的不仅是环境管理不到位，更是公众对环境问题的科学性缺乏理解和认识。因此，需要进一步增强龚总参与环境保护的意识。一要进一步加大新闻媒体对环境的报道数量和深度，在环保宣传教育内容的系统性和丰富性上下功夫，不仅要覆盖大气、水、土壤、固废、生态等多个领域，还要加大有关环保理念和环保知识的宣传力度。二要加大环境信息公开力度，在环保信息平台建设上下功夫，建立多样化的信息公开平台，简化公众获取信息的手续和渠道，让公众可以通过微信、微博等各类平台实时获取日常环境信息，关注其周围的环境状况。此外，将环境科学的研究成果纳入环境信息公开的范畴，规范科学研究成果公众分享机制，让公众随时有机会学习和了解最新的环境研究状况，培养公众探讨未知世界、形成理性和科学的思维方法，全面提高公众的科学素养。同时，要注重将各类环境信息转化成公众能够理解的信息，使一般公众能够有效理解环境现象的科学解释。三要不断打造环保公益活动品牌，充分发挥环境日、世界地球日、国际生物多样性日等重大环保纪念日独特的平台作用，精心策划组织全国联动的大型宣传活动，形成宣传冲击力。四要发挥环保社会组织的作用，在社区、街道、以及农村乡镇，开展环境宣传和教育，引导公众将环保理念落实到日常行动中。发挥其作为政府和公众之间沟通桥梁的作用，通过与政府、企业、社区、以及项目开发者的合作，吸引公众广泛参与的行动型的专题环保活动，例如参与治理大气污染、普及家庭绿色能源、个人参与节能减排、公众参与环境维权等专项行动，弥补政府和社会公共环境教育资源不足的状况，让环境保护意识和理念、环境科学知识深深植入广大公众心中。

### 2. 进一步增加社会公众参与决策的机会

公众参与环境决策是环境治理的重要组成部分，近年来我国已经有不少的实践。比如，通过对太湖和淮河流域沿岸居民的访问和调查，收集公众对流域水环境管理现状的看法，征求他们对进一步保护流域的政策机制和管理办法的建议。这些举措受到了社会各界的关注和普遍认可，标志着中国公众参与环境决策正趋于制度化。然而，总体来看，我国公众参与环境决策的程度低，大多环境决策过程是以相关专业部门决策者的决策为中心，导致公众的参与决策的意愿和效果就会大打折扣。因此，要进一步增加社会公众参与决策的机会，推动广大公众积极参与环境决策，引导公众向绿色低碳的生活方式和消费模式转变。一要引导公众参与决策过程。我国在环保方面的主要法律法规、规划、政策等的制定和修改要广泛采用公开征求公众意见的方式，鼓励和引导公众参与，广泛听取社会各界关于环境相关制度建设的意见和建议，促使公众参与到相关法律法规的制定和修改中。二要畅通公众参与决策的渠道。可以通过在网站上专门设置专栏，发放环境调查问卷，召开专家咨询会议、研讨会、座谈会，深入了解公众、基层环境工作者、海内外知名专家学者的意见和建议，收集广大民众对环境治理的建议，了解公众对环境保护规划的看法与需求等等形式，畅通公众参加环境决策的渠道。三要完善公众参与决策的制度。在相关法规中，明确公众参与环境决策的过程、方法、机制，通过法制化的手段，保障公众前期参与环境决策的过程，特别是较高层次的环境决策参与机制。

### 3. 进一步完善社会公众参与机制建设

推进公众参与环境治理急需解决的问题之一，就是如何通过激励机制将公众参与环保的意愿转化为切实行动。一要建立基于市场的公众参与机制。比如，建立个人减排激励机制。例如，对乘坐公共交通、减少不合理消费、购买节能环保产品、绿色出行、使用绿色电力、回收可再生利用资源等行为给予激励和奖励。可以考虑研究利用市场机制，建立公众个人减排档案和注册制度，将公众参与环保行为产生的减排额度，例如 PM 及其他污染物，按照一定价格规则进行补偿，让市场和需求侧督促企业向绿色生产过程转型。二要搭建和拓展公众参与的平台和渠道。选择自然保护区、自然遗址、文化遗产等公共资源，作为环保教育基地和公众参与环境保护活动的重要场所。针对当地环境特色和资源特点给不同的公众群体，例如中小学生、大学生、社区工作者、教师、资源管理者等，开发和设立公众环境参与项目，通过多种形式的活动，吸引公众参与自然保护，激发他们热爱自然，保护环境的热情，鼓励参与环保行动。

### 4. 进一步夯实社会公众参与的制度保障

社会公众参与协同推进环境高水平保护和经济高质量发展离不开制度的约束和保障。一要建立针对公众的个人行为规范，用制度约束公众的环境行为。包括公民家庭环保规范，比如选择绿色生活方式，绿色消费方式，配合社区垃圾分类，参与社区环境义务劳动等；公共场所环境行为规范，比如低碳出行，维护公园景区等环境卫生，关注动植物和生态栖息地保护；公众应对环境和自然灾害的规范，比如预防洪水和地震等自然灾害应急的措施等，促进生态文明价值观的养成。二要完善公众环保参与的法律法规政策。2006 年，国内环保领域第一部公众参与的规范性文件《环境影响评价公众参与暂行办法》发布，为国内公众参与建设项目环评提供了法律依据和途径。2014 年以后，国家又相继发布《关于推进环境保护公众参与的指导意见》和《环境保护公众参与办法》等，并于 2018 年修订发布了《环境影响评价公众参与办法》，全面规定和细化了公众参与的内容、程序、方式方法和渠道等。这些制度和规范的发布，为公众有序、理性参与环保事务提供了制度保障。要进一步完善公众环保参与的法律法规政策，尤其是地方性法律法规政策，更好地保障公众参与生态环境保护的权利，充分给予公众的环境知情权。三要细化配套政策和手段。在公众参与制度制定方面，应该配置相应的机构和人员，管理公众参与事务，确保公众参与的科学化、制度化、常规化，使得参与活动具有可持续性和有效率；在环境公益诉讼方面，需要配套的能力建设方案，培养或培训具有环境素养、熟悉法律、责任心强的队伍，开展环境公益诉讼活动，为公众利益服务。不断促进环境和经济协同发展问题的解决合法化、合理化、公正化。

## 7.3　本 章 小 结

从具体操作层面来看，协同推进环境高水平保护和经济高质量发展需要最大限度地发挥政府、市场和公众等主体的协同力量。在"区域公共问题"不断复杂化和外溢效应不断扩大的背景下，要想提高环境治理协同推进环境高水平保护和经济高质量发展的绩效，必须充分整合资源，实行多主体之间和跨区域之间的合作。从协同治理的视角对不同主体之间的协同演化过程进行分析，当满足一定条件时，地方政府之间、地方政府与企业和公众之间可以相互合作，向着一个稳定的状态协同发展，其中一方的合作会促进另一方的绩效改进。在"被组织"环境下，将不同主体之间的协同过程分为两个层次，即地方政府与当地企业、公众之间的协同和地方政府之间的协同；将每一个层次分为四个阶段，即冲突/竞争-交流/接触-合作-协同。两个层次相结合即为不同主体推进环境高水平保护和经济高质量发展的协同模型。协同推进高水平保护与高质量发展是一个长期的过程，绝非一朝一夕能够完成的，需要政府、企业和公众等各参与主体的共同努力。

# 参 考 文 献

[1] 习近平谈治国理政（第一卷）[M]. 北京：外文出版社，2018.

[2] 习近平谈治国理政（第二卷）[M]. 北京：外文出版社，2017.

[3] 习近平谈治国理政（第三卷）[M]. 北京：外文出版社，2020.

[4] 中共中央文献研究室. 习近平关于社会主义生态文明建设论述摘编
[M]. 北京：中央文献出版社，2017.

[5] 习近平. 在黄河流域生态保护和高质量发展座谈会上的讲话[J]. 求是，
2019（20）：1-5.

[6] 邓小平文选（第3卷）[M]. 北京：人民出版社，1993.

[7] 安淑新. 促进经济高质量发展的路径研究：一个文献综述[J]. 当代经济
管理，2018（9）：11-17.

[8] 白俊红，刘怡. 市场整合是否有利于区域创新的空间收敛[J]. 财贸经济，
2020（1）：96-109.

[9] 鲍健强，苗阳，陈锋. 低碳经济：人类经济发展方式的新变革[J]. 中国
工业经济，2008，4（241）：153-160

[10] 鲍健强. 低碳经济：人类经济发展方式的新变革[J]. 中国工业经济，
2008（04）：153-160

[11] 蔡守秋. 环境政策学[M]. 北京：科学出版社，2009.

[12] 曾健，张一方. 社会协同学[M]. 北京：科学出版社，2000，88-96

[13] 曾珍香. 可持续发展协调性分析[J]. 系统工程理论与实践，2001，21
（3）：18-21

[14] 钞小静. 推进黄河流域高质量发展的机制创新研究[J]. 人文杂志，2020
（1）：9-12.

[15] 陈昌兵. 新时代我国经济高质量发展动力转换研究[J]. 上海经济研究，
2018，356（05）：18-26+43.

[16] 陈飞，诸大建. 低碳城市研究的理论方法与上海实证分析[J]. 城市发
展研究，2009（10）：71-79

[17] 陈国权，李志伟. 从利益相关者的视角看政府绩效内涵与评价主体选
择[J]. 理论与改革，2005（3）：66-69

[18] 陈建成，张玉静. 绿色行政[M]. 北京：机械工业出版社，2011.

[19] 陈林，罗莉娅. 低碳经济理论及其应用：一个前沿的综合性学科[J]. 华东经济研究，2014，28（4）：148-153

[20] 陈明艺，李娜. 中国经济高质量发展绿色检验——基于省级面板数据[J]. 上海经济研究，2020，380（05）：51-61+74.

[21] 陈诗一，陈登科. 雾霾污染，政府治理与经济高质量发展[J]. 经济研究，2018，53（02）：20-34.

[22] 陈诗一，张军. 中国地方政府财政支出效率研究：1978-2005[J]. 中国社会科学，2008（4）：65-78

[23] 陈诗一. 中国各地区低碳经济转型进程评价[J]. 经济研究，2012，8：32-44

[24] 陈晓春，王小艳. 低碳视角下地方政府绩效评价体系研究[J]. 中国行政管理，2012（10）：15-21

[25] 程会强. 典型地区经济高质量发展与生态环境高水平保护模式研究——以中新天津生态城可持续发展建设为例[J]. 环境与可持续发展，2020，45（04）：61-68.

[26] 崔盼盼，赵媛，夏四友等. 黄河流域生态环境与高质量发展测度及时空耦合特征[J]. 经济地理，2020，40（05）：52-60+83.

[27] 崔述强，王红，崔萍等. 中国地方政府绩效评价指标体系探讨[J]. 统计研究，2006（3）：28-31

[28] 大卫·皮尔斯著，何晓军译. 绿色经济蓝图——绿化世界经济[M]. 北京：北京师范大学出版，1996：187-190.

[29] 戴亦欣. 中国低碳城市发展的必要性和治理模式分析[J]. 中国人口资源与环境，2009，19（3）：12-17

[30] 范柏乃，朱华. 我国地方政府绩效评价体系的构建和实际测度[J]. 政治学研究，2005（1）：84-95

[31] 方世荣，孙才华. 论促进低碳社会建设的政府职能及其行政行为[J]. 法学，2011（6）：56-65

[32] 冯之浚，牛文元. 低碳经济与科学发展[J]. 中国软科学，2009（8）：13-19

[33] 冯之浚，金涌，牛文元，徐锭明. 关于推行低碳经济促进科学发展的若干思考[N]. 光明日报理论版，2009-04-21.

[34] 付加锋，庄贵阳，高庆先. 低碳经济的概念辨识及评价指标体系构建

[J]. 中国人口资源与环境, 2010, 20 (008): 38-43

[35] 付允, 马永欢等. 低碳经济的发展模式研究[J]. 中国人口·资源与环境, 2008, (3): 14-18

[36] 付允. 低碳经济的发展模式研究[J]. 中国人口·资源与环境, 2008, (3): 14-18

[37] 高鸿业, 吴易风. 现代西方经济学[M]. 北京: 经济科学出版社, 1988, 178-198

[38] 龚锋. 地方公共安全服务供给效率评价——基于四阶段 DEA 和 BootstrappedDEA 的实证研究[J]. 管理世界, 2008 (4): 80-90

[39] 郭秀清. 协同推进经济高质量发展和生态环境高水平保护[J]. 鄱阳湖学刊, 2021 (01): 14-20+125.

[40] 国家发展和改革委员会能源局. 能源法律法规政策文件汇编[M]. 北京: 中国经济出版社, 2006.

[41] 国家统计局. 2016 年生态文明建设年度评价结果公报 [EB/OL]. 2017-12-26. http: //www. stats. gov. cn/tjsj/zxfb/201712/t20171226_1566827. html.

[42] 国家统计局能源统计司. 中国能源统计年鉴 2015[M]. 北京: 中国统计出版社, 2015.

[43] 何维·莫林. 合作的微观经济学: 一种博弈论的阐释[M]. 上海: 格致出版社, 上海三联书店, 上海人民出版社, 2011.

[44] 赫尔曼. 哈肯. 协同学——大自然构成的奥秘[M]. 上海: 上海译文出版社, 2001.

[45] 洪必纲. 公共物品供给中的租及寻租博弈研究: [湖南大学博士学位论文][D]. 长沙: 湖南大学经济与贸易学院, 2010, 3-28

[46] 环境保护部政策法规司. 新编环境保护法规全书[M]. 北京: 法律出版社, 2015.

[47] 黄爱宝. 论府际环境治理中的协作与合作[J]. 云南行政学院学报, 2009, 11 (5): 96-99

[48] 黄润秋. 深入贯彻落实党的十九届五中全会精神协同推进生态环境高水平保护和经济高质量发展[J]. 环境保护, 2021, 49 (Z1): 13-21.

[49] 贾登勋, 黄杰. 地方政府环境治理绩效的区域差异及影响因素研究[J]. 兰州大学学报 (社会科学版), 2014, 42 (07): 113-118

[50] 贾云. 城市生态与环境保护[M]. 北京: 中国石化出版社, 2009.

[51] 蒋南平，向仁康．中国经济绿色发展的若干问题[J]．当代经济研究，2013（2）：50-54．11

[52] 解振华．认清形势，提高环境监测服务效能[J]．载于《中国环境年鉴·2000》，中国环境科学出版社，2000．

[53] 金碚．关于"高质量发展"的经济学研究[J]．中国工业经济，2018（04）：5-18．

[54] 金乐琴等．低碳经济与中国经济发展模式转型[J]，经济问题探索，2009，（01），84-87

[55] 柯武刚，史漫飞．制度经济学——社会秩序与公共政策[M]．上海：商务印书馆，2004．

[56] 库伊曼，范·弗利埃特．治理与公共管理[M]．等萨吉出版公司，1993：64

[57] 李冬冬．城市生态建设与城市经济竞争力协同机制研究[D]．长春：吉林大学，2014．

[58] 李干杰．大力宣传习近平生态文明思想推动全民共同参与建设美丽中国[N]．中国环境报，2018-06-07．

[59] 李干杰．以习近平新时代中国特色社会主义思想为指导奋力开创新时代生态环境保护新局面[J]．环境保护，2018（5）：7-19．

[60] 李俊峰，荣涛．暂时危机还是长期短缺——谈谈我国能源为何全面紧张[J]．中国能源．1989（03）1-4+29．

[61] 李林．低碳经济下公共工程项目绩效评价研究[M]．长沙：湖南大学出版社，2015

[62] 李胜，陈晓春．低碳经济：内涵体系与政策创新[J]．科技管理研究，2009，（10）：41-43

[63] 李胜，陈晓春．跨行政区流域水污染治理的政策博弈及启示[J]．湖南大学学报：社会科学版，2010（1）：45-49

[64] 李曦辉，黄基鑫．绿色发展：新常态背景下中国经济发展新战略[J]．经济与管理研究，2019，40（08）：3-15．

[65] 李晓西，胡必亮．中国：绿色经济与可持续发展[M]．北京：人民出版社，2012：1-16．

[66] 李新，秦昌波，穆献中等．生态环境保护推动高质量发展的路径机制分析[J]．环境保护，2018（1）：52-55．

[67] 李玉照，刘永，颜小品．基于 DPSIR 模型的流域生态安全评价指标体

系研究[J]. 北京大学学报（自然科学版），2012（6）：971-981.

[68] 李玉照，刘永，颜小品. 基于 DPSIR 模型的流域生态安全评价指标体系研究[J]. 北京大学学报（自然科学版），2012（6）：971-981.

[69] 刘青松，李庆旭，石婷. 协同推动经济高质量发展和生态环境高水平保护[N]. 中国环境报，2020-11-30（03）.

[70] 刘细良. 低碳经济与人类社会发展，光明日报[N]，2009-04-21.

[71] 刘祖云. 行政伦理关系研究[M]. 北京：人民出版社，2007，34-65

[72] 刘祖云. 政府间关系：合作博弈与府际治理[J]. 学海，2007（1）：79-87

[73] 卢宁. 大气污染现状，来源分类与协同治理研究——基于局部加权回归散点平滑法的实证分析[J]. 中共浙江省委党校学报，2013（6）：117-124

[74] 马军. 基于 DEA 法的内蒙古发展低碳经济的效率评价[J]. 科学管理研究，2011（3）：84-88.

[75] 马克·肯贝尔. 推动节能减排打造低碳未来[J]. 中国总会计师，2010（5）：33-34

[76] 毛寿龙，李梅，陈幽泓. 西方政府的治道变革[M]. 北京：中国人民大学出版社，1998，16-28

[77] 倪星，余凯. 试论中国政府绩效评价制度的创新[J]. 政治学研究，2005（3）：84-92

[78] 倪星，余琴. 地方政府绩效指标体系构建研究——基于 BSC、KPI 与绩效棱柱模型的综合运用[J]. 武汉大学学报（哲学社会科学版），2009（09）：702-710

[79] 潘家华. 低碳发展的社会经济与技术分析. 可持续发展的理念、制度与政策[M]. 北京：社会科学文献出版社，2004，1-19

[80] 潘家华. 怎样发展中国的低碳经济[J]，绿叶，2009，（05）. 20-27

[81] 潘锦云，范敏. 优秀传统文化促进区域经济发展的内在逻辑及实现路径——基于全球文化产业价值链的视角[J].经济问题，2017（10）：82-88.

[82] 潘开灵，白列湖. 管理协同机制研究[J]. 系统科学学报，2006，1：46-48

[83] 潘玉君，武友德等. 可持续发展原理[M]. 北京：中国社会科学出版社，2005.

[84] 裴莹莹，吕连宏，罗宏. 中国发展低碳经济的若干思考[J]. 环境科技，2009，（6）：69-71

[85] 齐龙瑜. 人工神经网络在地球物理反演技术中的应用[D]. 天津：南开

大学，2007.

[86] 钱洁，张勤. 低碳经济转型与我国低碳政策规划的系统分析[J]. 中国软科学，2011（4）：22-28

[87] 秦大河. 中国气候与环境演变[J]. 载于《中国低碳年鉴·2010》，北京：中国财政经济出版社，2000.

[88] 曲格平. 努力开拓有中国特色的环境保护道路[J]. 载于《中国环境年鉴·1990》，北京：中国环境科学出版社，1990.

[89] 任保平，文丰安. 新时代中国高质量发展的判断标准、决定因素与实现途径[J]. 改革，2018（4）：5-16.

[90] 任保平. 黄河流域高质量发展的特殊性及其模式选择[J]. 人文杂志，2020（1）：1-4.

[91] 任保平. 新时代高质量发展的政治经济学理论逻辑及其现实性[J]. 人文杂志，2018，262（02）：26-34.

[92] 任保平，宋雪纯. 以新发展理念引领中国经济高质量发展的难点及实现路径[J]. 经济纵横，2020，415（06）：2+51-60.

[93] 萨克斯. 环境保护——为公民之法的战略[M]. 岩波书店，1970，194

[94] 沈荣华，周义程. 善治理论与我国政府改革的有限性导向[J]. 理论探讨，2004（5）：5-8

[95] 申慧云，余杰，张向前，等. 福建绿色经济高质量发展"经济-社会-环境"复杂系统研究[J]. 科技管理研究，2020（13）：62-70.

[96] 盛馥来，诸大建. 绿色经济——联合国视野中的理论、方法与案例[M]. 北京：中国财政经济出版社，2015.

[97] 世界环境与发展委员会. 我国共同的未来[M]. 长春：吉林人民出版社，1989.

[98] 世界银行，蔡秋生. 1997年世界发展报告：变革世界中的政府[M]. 北京：中国财政经济出版社，1997，12-25

[99] 孙亮. 网络系统交叉效率评价方法及其应用研究[D]. 长沙：湖南大学，2014，26-36

[100] 孙宁华. 经济转型时期中央政府与地方政府的经济博弈[J]. 管理世界，2001（03）：35-43

[101] 孙智君，陈敏. 习近平新时代经济高质量发展思想及其价值[J]. 上海经济研究，2019（10）：25-35.

[102] 汪建昌. 理想与现实：构建网络型的府际关系[J]. 理论导刊，2010

（4）：21-23

[103] 万媛媛、苏海洋、刘娟. 生态文明建设和经济高质量发展的区域协调评价[J]. 统计与决策, 2020, 36（22）：68-72.

[104] 王鲍顺. 浅谈生态环境高水平保护促进经济高质量发展的认识[J]. 城市建设理论研究（电子版）, 2019（09）：160.

[105] 王必达, 苏嬉. 要素自由流动能实现区域协调发展吗？——基于"协调性集聚"的理论假说与实证检验[J]. 财贸经济, 2020（4）：129-143.

[106] 王锋, 冯根福. 基于 DEA 窗口模型的中国省际能源与环境效率评价[J]. 中国工业经济, 2013（7）：56-68

[107] 王海芹, 程会强, 高世楫. 统筹建立生态环境监测网络体系的思考与建议[J]. 环境保护, 2015（20）：24-29.

[108] 王海芹, 高世楫. 我国绿色发展萌芽, 起步与政策演进：若干阶段性特征观察[J]. 改革, 2016（03）：6-26.

[109] 王海芹, 苏利阳. 环境空气质量监测体制改革的对策选择[J].. 改革, 2014（10）：136-142.

[110] 王辉. 从"从企业依存"到"动态演化"[J]. 经济管理, 2003（2）：29-35

[111] 王金南, 李晓亮, 葛察忠. 中国绿色经济发展现状与展望[J]. 环境保护, 2009（5）：53-56.

[112] 王莉, 何跃. 影响我国低碳经济发展的主要因素分析[J]. 科技进步与对策, 2012, 29（8）：104-107.

[113] 王玲玲, 冯皓. 绿色经济内涵探微——兼论民族地区发展绿色经济的意义[J]. 中央民族大学学报（哲学社会科学版）, 2014（5）：41-45.

[114] 王玲玲, 张艳国. "绿色发展"内涵探微[J]. 社会主义研究, 2012（5）：143-146.

[115] 王浦劬. 政治学基础[M]. 北京：北京大学出版社, 1995, 165-187

[116] 王群伟, 周鹏, 周德群. 我国二氧化碳排放绩效的动态变化, 区域差异及影响因素[J]. 中国工业经济, 2010, 1：45-54

[117] 王文举, 向其凤. 中国产业结构调整及其节能减排潜力评价[J]. 中国工业经济, 2014（1）：44-56

[118] 王小艳. 地方政府低碳治理绩效评价及治理模式研究[D]. 长沙：湖南大学, 2015.

[119] 王亚华, 吴凡, 王争. 交通行业生产率变动的 Bootstrap-Malmquist 指数分析（1980-2005）[J]. 经济学（季刊）, 2008（2）：891-912

[120] 王一鸣. 推动高质量发展取得新进展[J]. 求是，2018（7）：44-46.

[121] 志芳，高世昌，苗利梅，等. 国土空间生态保护修复范式研究[J]. 中国土地科学，2020，34（03）：1-8.

[122] 王竹君，任保平. 基于高质量发展的地区经济效率测度及其环境因素分析[J]. 河北经贸大学学报，2018，39（04）：13-21.

[123] 温薇，田国双. 生态文明时代的跨区域生态补偿协调机制研究[J]. 经济问题，2017（5）：84-88.

[124] 文丰安. 新时代中国高质量发展的判断标准、决定因素与实现途径[J]. 改革，2018（04）：5-16.

[125] 文婧，王云. 哥本哈根会议前中美布局碳减排[N]. 经济参考报，2009-11-27，第A02版

[126] 吴彼爱，高建华. 中部六省低碳发展水平侧度及发展潜力分析[J]. 长江流域资源与环境，2010，19（12）：14-19

[127] 吴建南，阎波. 谁是"最佳"的价值判断者：区县政府绩效评价机制的利益相关主体分析[J]. 管理评论，2006，18（4）：46-53

[128] 吴建南，张翔. 政府绩效的决定因素：观点述评，逻辑关系及研究方法[J]. 西安交通大学学报：社会科学版，2006，26（1）：7-13

[129] 吴唯佳，吴良镛，石晓冬等. 人居与高质量发展[J]. 城市规划，2020，44（01）：104-109.

[130] 夏光. 聚焦高水平保护，实施"双线驱动"策略[J]. 中国环境管理，2021，13（01）：170-172.

[131] 向书坚，郑瑞坤. 中国绿色经济发展指数研究[J]. 统计研究，2013（3）：72-77.

[132] 肖钦. 绿色发展视阈下我国地方环境协同治理研究[D]. 南昌：江西财经大学，2019.

[133] 谢中华. MATLAB统计分析与应用：40个案例分析[M]. 北京：北京航空航天大学出版社，2010.

[134] 新华社. 中国科学院：五大绿色指标考核干部政绩[J]. 生态经济，2004（4）：53

[135] 新华社评论员. 牢牢把握高质量发展这个根本要求[EB/OL]. 2017-12-21. http://paper. people. com. cn/rmrb/html/2017-12/21/nw. D110000renmrb_20171221_3-01. htm.

[136] 郇庆治. 国际比较视野下的绿色发展[J]. 江西社会科学，2012（08）：5-11.

[137] 杨立华. 构建多元协作性社区治理机制解决集体行动困境——一个"产品-制度"分析（PIA）框架[J]. 公共管理学报，2007（02）：6-15.

[138] 杨雪冬. 论治理的制度基础[J]. 天津社会科学，2002（02）：43-46

[139] 杨颖. 四川省地方政府环境治理绩效评价[J]. 中国人口.资源与环境，2012，22（06）：52-56.

[140] 杨永芳，王秦. 我国生态环境保护与区域经济高质量发展协调性评价[J]. 工业技术经济，2020，39（11）：69-74.

[141] 易淼. 技术创新与利益共享的统一：新科技革命如何推进社会主义共享发展[J]. 西部论坛，2020（01）：31-38.

[142] 尹鹏. 哈尔滨水资源发展态势及可持续利用评价研究[D]. 哈尔滨：哈尔滨工程大学，2011.

[143] 于立新. 在高水平保护中促进高质量发展在高质量发展中推进高水平保护[N]. 内蒙古日报（汉），2019-05-29（002）.

[144] 余敏江. 论区域生态环境协同治理的制度基础——基于社会学制度主义的分析视角[J]. 理论探讨，2013（02）：13-17.

[155] 俞可平. 治理与善治[M]. 北京：社会科学文献出版社，2000，37-56.

[156] 煜萍. 生态型区域治理中的地方政府执行力建设——迈向"绿色公共管理"的思考[J]. 马克思主义与现实，2014（02）：189-194.

[157] 詹姆斯. M. 布坎南. 公共物品的需求与供给[M]. 上海：上海人民出版社，2009.

[158] 张大群. 标杆比较分析的数学理论及其应用[D]. 合肥：中国科学技术大学，2009.

[159] 张华，丰超，时如义. 绿色发展：政府与公众力量[J]. 山西财经大学学报，2017（11）：15-28.

[160] 张慧君. 构建支撑高质量发展的现代化国家治理模式：中国经验与挑战[J]. 经济学家，2019（11）：23-32.

[161] 张明军，汪伟全. 论和谐地方政府间关系的构建：基于府际治理的新视角[J]. 中国行政管理，2007，11：51-54

[162] 张侠，高文武. 经济高质量发展的测评与差异性分析[J]. 经济问题探索，2020，453（04）：5-16.

[163] 翟坤周，侯守杰. "十四五"时期我国城乡融合高质量发展的绿色框架，

意蕴及推进方案[J]. 改革，2020，321（11）：53-68.

[164] 赵奥，郭景福，左莉. 高质量发展变革下中国省域绿色增长能力系统评价与时空差异演化研究[J]. 经济问题探索，2020（8）：144-156.

[165] 赵剑波，史丹，邓洲. 高质量发展的内涵研究[J]. 经济与管理研究，2019，40（11）：15-31.

[166] 赵细康. 引导绿色创新——技术创新导向的环境政策研究[M]. 北京：经济科学出版社，2006.

[167] 郑方辉，尚虎平. 2011 中国地方政府绩效评价红皮书[M]. 北京：新华出版社，2011，155-168

[168] 郑刚. 基于 TIM 视角的企业技术创新过程中各要素全面协同机制研究[D]. 杭州：浙江大学管理学院，2004.

[169] 郑家昊. 论低碳经济理念下的政府职能模式[J]. 南京农业大学学报（社会科学版），2011，11（03）：56-62

[170] 郑云辰，葛颜祥，接玉梅等. 流域多元化生态补偿分析框架：补偿主体视角[J]. 中国人口资源与环境，2019（07）：131-139.

[171] 中共中央国务院. 关于全面加强生态环境保护坚决打好污染防治攻坚战 的 意 见 [EB/OL]. 2018-6-24. http：//www. gov. cn/zhengce/2018-06/24/content_5300953. htm.

[172] 中国 21 世纪议程管理中心可持续发展战略研究组. 中国科学院地理科学与资源研究所. 可持续发展指标体系的理论与实践[M]. 北京：社会科学文献出版社，2004.

[173] 中国 21 世纪议程管理中心可持续发展战略研究组. 中国科学院地理科学与资源研究所. 中国可持续发展状态与趋势[M]. 北京：社会科学文献出版社，2007.

[174] 中国宏观经济研究院经济研究所课题组. 科学把握经济高质量发展的内涵、特点和路径[N]. 经济日报，2019-09-17（014）

[175] 中国可持续发展研究会. 中国可持续发展的回顾与展望——著名学者论中国发展六十年[M]. 北京：社会科学文献出版社，2010.

[176] 中日污染减排与协同效应研究示范项目联合研究组. 污染减排的协同效应评价及案例研究[M]. 北京：中国环境科学出版社，2012.

[177] 钟洪. 基于多元利益主体的中国公立大学协同治理研究[D]. 长沙：中南大学，2007，22-30

[178] 周惠军，高迎春. 绿色经济、循环经济、低碳经济三个概念辨析[J]. 天

津经济，2011（11）：5-7.

[179] 诸大建. 绿色经济新理念及中国开展绿色经济研究的思考[J]. 中国人口·资源与环境，2012（5）：40-47.

[180] 庄贵阳. 中国发展低碳经济的困难与障碍分析[J]. 江西社会科学，2009（7）：20-26

[181] 庄贵阳. 中国经济低碳发展的途径与潜力分析[J]. 国际技术经济研究，2005，（3）：79-87

[182] 邹巅，廖小平. 绿色发展概念认知的再认知——兼谈习近平的绿色发展思想[J]. 湖南社会科学，2017（02）：115-123.

[183] 邹辉霞. 供应链管理与复杂性科学[J]. 科学学与科学技术管理，2003（3）：57-60

[184] 中国环境年鉴委员会. 1990 中国环境年鉴[M]. 北京：中国环境科学出版社，1990.

[185] 中国环境年鉴委员会. 2000 中国环境年鉴[M]. 北京：中国环境科学出版社，2000.

[186] 中国环境年鉴委员会. 2011 中国环境年鉴[M]. 北京：中国环境年鉴社，2011.

[187] 中国环境年鉴委员会. 2015 中国环境年鉴[M]. 北京：中国环境年鉴社，2015.

[188] 中国环境年鉴委员会. 2020 中国环境年鉴[M]. 北京：中国环境年鉴社，2020.

[189] 中华人民共和国生态环境部. 2019 中国生态环境公报[EB/OL]，2020-06-25 . http ://www. mee. gov. cn/hjzl/sthjzk/zghjzkgb/202006/P020200602509464172096. pdf

[190] H. 哈肯. 协同学和信息：当前情况和未来展望，熵、信息与交叉科学——迈向 21 世纪的探索和运用[M]. 昆明：云南大学出版社，1994.

[191] A. Charnes, W. Cooper, A. Lewin, L. Seiford; Data Envelopment Analysis: Theory Methodology and Applications[M]. Kluwer Academic Publishers, Boston, 1994.

[192] Agranoff R, McGuire M. Collaborative public management: New strategies for local governments[J]. Georgetown University Press, 2003, 213-266.

[193] Ammar S, Duncombe W, Hou Y, et al. Using fuzzy rule–based systems to evaluate overall financial performance of governments : An enhancement to the bond rating process[J]. Public Budgeting & Finance, 2001, 21（4）: 91-110.

[194] Ananth Pur K. Rivalry or Synergy? Formal and informal local governance in rural India[J]. Development and Change, 2007, 38（3）: 401-421.

[195] Ang B W. Monitoring changes in economy–wide energy efficiency: from energy–GDP ratio to composite efficiency index[J]. Energy Policy, 2006, 34（5）: 574-582.

[196] Asmild M, Paradi J C, Aggarwall V, et al. Combining DEA window analysis with the Malmquist index approach in a study of the Canadian banking industry[J]. Journal of Productivity Analysis, 2004, 21（1）: 67-89.

[197] Athanassopoulos A D, Triantis K P. Assessing aggregate cost efficiency and the related policy implications for Greek local municipalities[J]. Infor, 1998, 36（3）: 66-83.

[198] Balaguer–Coll M T, Prior D, Tortosa–Ausina E. On the determinants of local government performance : A two–stage nonparametric approach[J]. European Economic Review, 2007, 51（2）: 425-451.

[199] Banker R D, Charnes A, Cooper W W. Some models for estimating technical and scale inefficiencies in data envelopment analysis[J]. Management Science, 1984, 30（9）: 1078-1092.

[200] Bansal, P. R., Roth. K. B. P.. Why Companies Go Green: A Model of Ecological Responsiveness. Academy of Management Journal, 2000, 43（4）: 717-736.

[201] Behn R D. Why measure performance? Different purposes require different measures[J]. Public Administration Review, 2003, 63（5）: 586-606.

[202] Bian Y, He P, Xu H. Estimation of potential energy saving and carbon dioxide emission reduction in China based on an extended non–radial DEA approach[J]. Energy Policy, 2013, 63: 962-971.

[203] Buchanan, James M., and Robert D. Tollison, eds. The Theory of public choice--II[M]. University of Michigan Press, 1984, 99-123.

[204] Carrington R, Puthucheary N, Rose D, et al. Performance measurement in government service provision: the case of police services in New South Wales[J]. Journal of Productivity Analysis, 1997, 8 (4): 415-430.

[205] Casey P C, Gibilisco M B, Goodman C A, et al. Predicting the Outcome of the Government Formation Process: Fuzzy Single-Dimensional Models//Fuzzy Social Choice Models[M]. Springer International Publishing, 2014.

[206] Cavalluzzo K S, Ittner C D. Implementing performance measurement innovations: evidence from government[J]. Accounting, Organizations and Society, 2004, 29 (3): 243-267.

[207] Caves D W, Christensen L R, Diewert W E. The economic theory of index numbers and the measurement of input, output, and productivity[J]. Econometrica: Journal of the Econometric Society, 1982: 1393-1414.

[208] Charlene Spretnak and Fritj of Capra[M]. Green Politics. Bear&Co, 1986.

[209] Charnes A, Clark C T, Cooper W W, et al. A developmental study of data envelopment analysis in measuring the efficiency of maintenance units in the US Air Forces[J]. Annals of Operations Research, 1985, 2(1): 95-112.

[210] Charnes A, Cooper W W, Lewin A Y, Seiford L M. Extensions to DEA models, Data envelopment analysis: theory, methodology, and application[M]. Norwell, Massachusetts: Kluwer Academic Publishers, 1994, 67-98.

[211] Charnes A, Cooper W W, Rhodes E. Measuring the efficiency of decision making units[J]. European Journal of Operational Research, 1978, 2(6): 429-444.

[212] Charnes, Abraham, ed. Data envelopment analysis: theory, methodology and applications[M]. Springer, 1994, 78-99.

[213] Chen C W, Herr J, Weintraub L. Decision support system for stakeholder involvement[J]. Journal of Environmental Engineering Asce, 2004, 130 (6): 714-721.

[214] Chen C., Yan H.. Network DEA model for supply chain performance evaluation[J]. European Journal of Operational Research, 2011, 213(1): 147-156.

[215] Chen Y, Iqbal Ali A. DEA Malmquist productivity measure: New insights with an application to computer industry[J]. European Journal of Operational Research, 2004, 159（1）: 239-249.

[216] Chen Y. Zhu J.. Measuring Information Technology's Indirect Impact on Firm Performance[J]. Information Technology and Management, 2004, 5（1）: 9-22.

[217] Coggburn J D, Schneider S K. The quality of management and government performance : An empirical analysis of the American states[J]. Public Administration Review, 2003, 63（2）: 206-213.

[218] Common M. Measuring national economic performance without using prices[J]. Ecological Economics, 2007, 64（1）: 92-102.

[219] Cook W. D., L. Liang et al.. Measuring performance of two-stage network structures by DEA: A review and future perspective[J]. Omega, 2010, 38（6）: 423-430.

[220] Cremer H, Gahvari F. Environmental taxation, tax competition, and harmonization[J]. Journal of Urban Economics, 2004, 55（1）: 21-45.

[221]                          Da Cruz N F                 , Marques R C. Revisiting the determinants of local government performance[J]. Omega, 2014, 44: 91-103.

[222] Dagoumas A S, Barker T S. Pathways to a low-carbon economy for the UK with the macro-econometric E3MG model[J]. Energy Policy, 2010, 38（6）: 3067-3077.

[223] Daly H E and Cobb C. For the Common Good: Redirecting the Economy toward Community , the Environment , and a Susyainable Future. Ecological Economics, 1990 , 2（4） : 346-347.

[224] De Borger B, Kerstens K. Cost efficiency of Belgian local governments: A comparative analysis of FDH , DEA , and econometric approaches[J]. Regional Science and Urban Economics, 1996, 26（2）: 145-170.

[225] De Borger B, Kerstens K. Cost efficiency of Belgian local governments: A comparative analysis of FDH , DEA , and econometric approaches[J]. Regional Science and Urban Economics, 1996, 26（2）: 145-170.

[226] Delmas M, Etzion D, Nairn-Birch N. Triangulating Environmental Performance: What Do Corporate Social Responsibility Ratings Really Capture? [J]. The Academy of Management Perspectives, 2013, 334-367.

[227] Dombi G W, Nandi P, Saxe J M, et al. Prediction of rib fracture injury outcome by an artificial neural network[J]. The Journal of Trauma and Acute Care Surgery, 1995, 39 (5): 915-921.

[228] Donahue A K, Selden S C, Ingraham P W. Measuring government management capacity: A comparative analysis of city human resources management systems[J]. Journal of Public Administration Research and Theory, 2000, 10 (2): 381-412.

[229] Doyle J, Green R. Efficiency and cross-efficiency in DEA: Derivations, meanings and uses[J]. Journal of the Operational Research Society, 1994: 567-578.

[230] Dull M. The institutional politics of presidential budget reform[J]. Journal of Public Administration Research and Theory, 2006, 16(2): 187-215.

[231] Eeckaut P V, Tulkens H, Jamar M A. Cost efficiency in Belgian municipalities[J]. The Measurement of Productive Efficiency-Techniques and Applications, 1993, 300-334.

[232] Ermini B, Fiorillo F, Santolini R. Environmental protection, land-use regulation and local government taxation: theory and evidence on Italian municipalities[J]. Economics and Policy of Energy and The Environment, 2013.

[233] Ettlie J E, Reza E M. Organizational integration and process innovation[J]. Academy of Management Journal, 1992, 35(4): 795-827.

[234] F·Hayek. Individualism and Economic Order[M]. Chicago: University of Chicago Press, 1980.

[235] Färe R, Grosskopf S, Lindgren B, et al. Productivity changes in Swedish pharamacies 1980-1989 : A non-parametric Malmquist approach[J]. Springer Netherlands, 1992, 109-123.

[236] Färe R, Grosskopf S, Lovell C A K, et al. Multilateral productivity comparisons when some outputs are undesirable : a nonparametric approach[J]. The Review of Economics and Statistics, 1989, 71 (2): 90-98.

[237] Fare R, Grosskopf S, Lovell C A K. Production frontiers[M]. Cambridge University Press, 1994, 231-245.

[238] Färe R, Grosskopf S. Modeling undesirable factors in efficiency evaluation: comment[J]. European Journal of Operational Research, 2004, 157（1）: 242-246.

[239] Färe R., Grosskopf S.. Productivity and intermediate products: a frontier approach[J]. Economics letters, 1996, 50（1）: 65-70.

[240] Färe R., WhittakerG.. Anintermediate input model of dairy production using complex survey data[J]. Journal ofAgricultural Economics, 1995, 46（2）: 201-213.

[241] Färe R.. Measurin Farrell Efficiency for a Firm with Intermediate Inputs[J]. Academia Economic Papers, 1991, 19: 329-340.

[242] Farrell M J. The measurement of productive efficiency[J]. Journal of the Royal Statistical Society, 1957: 253-290.

[243] Fernandez S, Rainey H G. Managing successful organizational change in the public sector[J]. Public Administration Review, 2006, 66( 2 ): 168-176.

[244] Freeman R E. Strategic management: A stakeholder approach[J]. Cambridge University Press, 2010, 78-99.

[245] Garbie, I H, An analytical technique to model and assess sustainable development index in manufacturing enterprises. International Journal of Production Research, 2014, 52（16）: 4876-4915.

[246] Garbie, I H, 2014. An analytical technique to model and assess sustainable development index in manufacturing enterprises. International Journal of Production Research, 2014, 52（16）: 4876-4915.

[247] Gazley B, Chang W K, Bingham L B. Board diversity, stakeholder representation, and collaborative performance in community mediation centers[J]. Public Administration Review, 2010, 70（4）: 610-620.

[248] Grossman P J, Mavros P, Wassmer R W. Public sector technical inefficiency in large US cities[J]. Journal of Urban Economics, 1999, 46（2）: 278-299.

[249] H Svarstad, LK Petersen, D Rothman, H Siepel, F Wätzold. Discursive biases of the environmental esearch framework DPSIR[J]. Land Use

Policy, 2008（1）: 116-125.

[250] Halkos G E, Tzeremes N G. Exploring the existence of Kuznets curve in countries' environmental efficiency using DEA window analysis[J]. Ecological Economics, 2009, 68（7）: 2168-2176.

[251] Hart, S. L.. A Natural-resource-based View of the Firm. Academy of Management Review, 1995, 20（4）: 986-1014.

[252] Hauner D, Kyobe A. Determinants of government efficiency[J]. World Development, 2010, 38（11）: 1527-1542.

[253] Heckman J J. Sample selection bias as a specification error[J]. Econometrica: Journal of the Econometric Society, 1979, 47（5）: 153-161.

[254] Hsu-HaoYang, Cheng-Yu Chang. Using DEA window analysis to measure efficiencies of Taiwan, 5 integrated telecommunication firms[J]. Telecommunications Policy, 2009（33）: 98-108.

[255] Ingraham P W, Moynihan D P. Evolving Dimensions of Performance from the CSRA to the Present[J]. The future of merit: Twenty years after the Civil Service Reform Act, 2000, 103-126.

[256] Jaeger W K. The welfare effects of environmental taxation[J]. Environmental and Resource Economics, 2011, 49（1）: 101-119

[257] James N Rosenau. Governance without Government: Orderand Changein World Politics[M]. Cambridge University Press, 1992.

[258] Johnston D, Lowe R, Bell M. An exploration of the technical feasibility of achieving CO 2 emission reductions in excess of 60% within the UK housing stock by the year 2050[J]. Energy Policy, 2005, 33（13）: 1643-1659.

[259] Jones S. Improving local government performance: one step forward not two steps back[J]. Public Money & Management, 2004, 24（1）: 47-55.

[260] Julnes P L, Holzer M. Promoting the utilization of performance measures in public organizations: An empirical study of factors affecting adoption and implementation[J]. Public Administration Review, 2001, 61（6）: 693-708.

[267] Kahneman D, Tversky A. Prospect theory: An analysis of decision under

risk[J]. Econometrica: Journal of the Econometric Society, 1979, 47: 263-291.

[268]

Kao C . Efficiency decomposition in network data envelopment analysis with slacks-based measures[J]. Omega, 2014, 45: 1-6.

[269] KaoC., Hwang S. N.. Efficiency decomposition in two-stage data envelopment analysis: An application to non-life insurance companies in Taiwan[J]. European Journal of Operational Research, 2008, 185 ( 1 ): 418-429.

[270] Kawase R, Matsuoka Y, Fujino J. Decomposition analysis of CO 2 emission in long-term climate stabilization scenarios[J]. Energy Policy, 2006, 34 ( 15 ): 2113-2122.

[271] Kazley A S, Ozcan Y A. Electronic medical record use and efficiency: A DEA and windows analysis of hospitals[J]. Socio-Economic Planning Sciences, 2009, 43 ( 3 ): 209-216.

[272] Khalili K, Azizzadeh F, Adhami A. Investigating the relationship between outsourcing and performance based on Balanced Score Card ( Case study: Ilam Post Office ) [J]. Journal of Data Envelopment Analysis and Decision Science, 2013, 1-11.

[273] Kim J, Schmöcker J D, Fujii S, et al. Attitudes towards road pricing and environmental taxation among US and UK students[J]. Transportation Research Part A: Policy and Practice, 2013, 48: 50-62.

[274] Klibanoff P , Morduch J . Decentralization , externalities , and efficiency[J]. The Review of Economic Studies, 1995, 62( 2 ): 223-247.

[275] Kloot L, Martin J. Strategic performance management: A balanced approach to performance management issues in local government[J]. Management Accounting Research, 2000, 11( 2 ): 231-251.

[276] Kwon S W, Feiock R C. Overcoming the barriers to cooperation: Intergovernmental service agreements[J]. Public Administration Review, 2010, 70 ( 6 ): 876-884.

[277] Lago-Pe-as , S . , Martinez-Vazquez , J . The Challenge of Local Government Size: theoretical perspectives, international experience and policy reform[J]. Edward Elgar Publishing, 2013, 332-357.

181

[278] LeRoux K, Brandenburger P W, Pandey S K. Interlocal service cooperation in US cities: A social network explanation[J]. Public Administration Review, 2010, 70 (2): 268-278.

[279] Leydesdorff L, Park H W, Lengyel B. A routine for measuring synergy in university-industry-government relations: mutual information as a Triple-Helix and Quadruple-Helix indicator[J]. Scientometrics, 2014, 99 (1): 27-35.

[280] Liang L., Cook W. D., et al.. DEA models for two-stage processes: Game approach and efficiency decomposition[J]. Naval Research Logistics, 2008, 55 (7): 643-653.

[281] Lin M I, Lee Y D, Ho T N. Applying integrated DEA/AHP to evaluate the economic performance of local governments in China[J]. European Journal of Operational Research, 2011, 209 (2): 129-140.

[282] Ling Z, Jiang W U. Intergovernmental Cooperation in Cheng-Yu Economic Zone: A Case Study on Chinese Regional Collaboration under Synergy Governance[J]. Canadian Social Science, 2013, 9(3): 15-23.

[283] Liu W B, Meng W, Li X X, Zhang D Q. DEA models with undesirable inputs and outputs[J]. Annals of Operational Research, 2010, 173: 177-194.

[284] Liu W, Sharp J, Wu Z. Preference, production and performance in data envelopment analysis[J]. Annals of Operations Research, 2006, 145(1): 105-127.

[285] Loikkanen H A, Susiluoto I. Cost efficiency of Finnish municipalities in basic service provision 1994-2002[J]. Urban Public Economics Review, 2005, 4: 39-64.

[286] Lynn L E, Heinrich C J, Hill C J. Studying governance and public management: Challenges and prospects[J]. Journal of Public Administration Research and Theory, 2000, 10 (2): 233-262.

[287] Maier R. Evaluation of data modeling//Advances in Databases and Information Systems[J]. Springer Berlin Heidelberg, 1999, 232-246.

[288] Malmquist S. Index numbers and indifference surfaces[J]. Trabajos de Estadistica y de Investigacion Operativa, 1953, 4 (2): 209-242.

[289] McDermott C, O'Neill L, Stock G, et al. A DEA methodology to evaluate

multidimensional quality performance in hospitals[J]. International Journal of Services Sciences, 2013, 5（1）: 1-18.

[290] McGuire M, Silvia C. The effect of problem severity, managerial and organizational capacity, and agency structure on intergovernmental collaboration: Evidence from local emergency management[J]. Public Administration Review, 2010, 70（2）: 279-288.

[291] Meier K J, O'Toole Jr L J. Managerial Capacity and Performance[M]. Evidence-Based Public Management: Practices, Issues, and Prospects, 2011.

[292] Meier K J, O'Toole Jr L J. Managerial networking, managing the environment, and programme performance: a summary of findings and an agenda[J]. Public Management and Performance: Research Directions, 2010.

[293] Meier K J. Plus ça Change: Public Management, Personnel Stability, and Organizational Performance[J]. Journal of Public Administration Research and Theory, 2003, 13（1）: 43-64.

[294] Migué J L, Belanger G, Niskanen W A. Toward a general theory of managerial discretion[J]. Public Choice, 1974, 17（1）: 27-47.

[295] Miller J G. Theme and Variations in Statutory Preclusions against Successive Environmental Enforcement Actions by EPA and Citizens-Part One: Statutory Bars in Citizen Suit Provisions[J]. Harv. Envtl. L. Rev., 2004, 28: 401.

[296] Mitchell R K, Agle B R, Wood D J. Toward a theory of stakeholder identification and salience: Defining the principle of who and what really counts[J]. Academy of ManagementReview, 1997, 22（4）: 853-886.

[297] Moenaert R K, Souder W E. An information transfer model for integrating marketing and R&D personnel in new product development projects[J]. Journal of Product Innovation Management, 1990, 7（2）: 91-107.

[298] Monfreda, C. Establishing national natural capital accounts based on detailed Ecological Footprint and biological capacity assessments. Land Use Policy, 2004, 21（3）: 231-246.

[299] Moynihan D P, Pandey S K. Testing how management matters in an era of

government by performance management[J] . Journal of Public Administration Research and Theory, 2005, 15（3）: 421-439.

[300] N. H. Stern, G. Britain, H. M. Treasury. Stern Review: The economics of climate change[M]. London: HM treasury, 2006, 112-145.

[301] Oates W E, Portney P R. The political economy of environmental policy[J]. Handbook of Environmental Economics, 2003, 1: 325-354.

[302] Oh D, Heshmati A. A sequential Malmquist–Luenberger productivity index: Environmentally sensitive productivity growth considering the progressive nature of technology[J]. Energy Economics, 2010, 32（6）: 1345-1355.

[303] Olafsson S, Cook D, Davidsdottir B, et al. Measuring countries' environmental sustainability performance–A review and case study of Iceland[J]. Renewable and Sustainable Energy Reviews, 2014, 39: 934-948

[304] Ostrom E. Crossing the great divide: coproduction, synergy, and development[J]. World Development, 1996, 24（6）: 1073-1087.

[305] O'Toole L J, Meier K J. Modeling the impact of public management: Implications of structural context[J]. Journal of Public Administration Research and Theory, 1999, 9（4）: 505-526.

[306] Owen and Ponton. Green Pledge[M]. London Mac Donald Optima Press, 1988.

[307] Pittman R W. Multilateral productivity comparisons with undesirable outputs[J]. The Economic Journal, 1983, 93（12）: 883-891.

[308] Porter M. Americans Green Strategy[J]. Scientific American. 1991, 264（4）: 132-141.

[309] Putnam R. The prosperous community: social capital and public life[J]. The american prospect, 1993, 4（13）: 231-256.

[310] Rainey H G, Steinbauer P. Galloping elephants: Developing elements of a theory of effective government organizations[J]. Journal of Public Administration Research and Theory, 1999, 9（1）: 1-32.

[311] RE Freeman, Reed D L. Stockholders and stakeholders: A new perspective in corporate governance[J]. California Management Review, 1983, 25: 88-106.

[312] Rhodes R A W. Understanding governance: policy networks, governance, reflexivity and accountability[J]. Open University Press, 1997, 111-134.

[313] Rice T W. Social capital and government performance in Iowa communities[J]. Journal of Urban Affairs, 2001, 23 (3-4): 375-389.

[314] Richard J. Estes. World Social Vulnerability: 1968-1978. Social development issues 01/1984; 8 (1-2): 8-28.

[315] Robert T, Deacon. The Political Economy of Environment-Development Relationships: A Preliminary Framework[M]. Department of Economics, UCSB, 1999.

[316] Rumelhart D E, Smolensky P, McClelland J L, et al. Sequential thought processes in PDP models[J]. Parallel distributed processing: Explorations in the microstructure of cognition, 1986, 2: 7-57.

[317] Samuelson P A. The pure theory of public expenditure[J]. The Review of Economics and Statistics, 1954: 387-389.

[318] Sandler T. The economics of defense[M]. Cambridge University Press, 1995.

[319] Sarfraz M, Ran J, Soliev I. Restructuring and Performance Evaluation of Chinese Local Government: Problem, Reason, and Options of Change[J]. Journal of Management, 2014, 2 (1): 01-15.

[320] Seiford L M, Zhu J. A response to comments on modeling undesirable factors in efficiency evaluation[J]. European Journal of Operational Research, 2005, 161 (2): 579-581.

[321] Seiford L M, Zhu J. Modeling undesirable factors in efficiency evaluation[J]. European Journal of Operational Research, 2002, 142( 1): 16-20.

[322] Sexton T R, Silkman R H, Hogan A J. Data envelopment analysis: Critique and extensions[J]. New Directions for Program Evaluation, 1986, 1986 (32): 73-105.

[323] Shimada K, Tanaka Y, Gomi K, et al. Developing a long-term local society design methodology towards a low-carbon economy: An application to Shiga Prefecture in Japan[J]. Energy Policy, 2007, 35( 9): 4688-4703.

[324] Sigman H. Transboundary spillovers and decentralization of

environmental policies[J]. Journal of Environmental Economics and Management, 2005, 50（1）: 82-101.

[325] Skelcher C, Mathur N, Smith M. The public governance of collaborative spaces: Discourse, design and democracy[J]. Public Administration, 2005, 83（3）: 573-596.

[326] Soleimani-Damaneh M, Zarepisheh M. Shannon's entropy for combining the efficiency results of different DEA models : Method and application[J]. Expert Systems with Applications, 2009, 36（3）: 5146-5150.

[327] Son Nghiem H, Coelli T. The effect of incentive reforms upon productivity: evidence from the Vietnamese rice industry[J]. Journal of Development Studies, 2002, 39（1）: 74-93.

[328] Song M, Wang S, Yu H, et al. To reduce energy consumption and to maintain rapid economic growth: Analysis of the condition in China based on expended IPAT model[J]. Renewable and Sustainable Energy Reviews, 2011, 15（9）: 5129-5134.

[329] Song M, Wang S, Liu W. A two-stage DEA approach for environmental efficiency measurement[J]. Environmental Monitoring and Assessment, 2014, 186（5）: 3041-3051.

[330] Stiglitz J, Sen A, Fitoussi J P. The measurement of economic performance and social progress revisited. Reflections and overview[M]. Commission on the Measurement of Economic Performance and Social Progress, Paris.

[331] Stockhammer, E ea tl. The index of sustainable economic welfare（ISEW）as an alternative to GDP in measuring economic welfare. The results of the Austrian（revised）ISEW calculation 1955-1992. Ecological Economics, 1997, 21（1）: 19-34.

[332] Stoker G. Governance as theory: five propositions[J]. International Social Science Journal, 1998, 50（155）: 17-28.

[333] Stoker G. Public value management a new narrative for networked governance?[J]. The American Review of Public Administration, 2006, 36（1）: 41-57.

[334] Sufian F. Trends in the efficiency of Singapore's commercial banking

groups ： A non-stochastic frontier DEA window analysis approach[J]. International Journal of Productivity and Performance Management, 2007, 56（2）: 99-136.

[335] Taniguchi M, Kaneko S. Operational performance of the Bangladesh rural electrification program and its determinants with a focus on political interference[J]. Energy Policy, 2009, 37（6）: 2433-2439.

[336] Tapio P. Towards a theory of decoupling: degrees of decoupling in the EU and the case of road traffic in Finland between 1970 and 2001[J]. Transport Policy, 2005, 12（2）: 137-151.

[337] Tian Y, Zhou Z, Liao H, et al. A Research on Identifying and Selecting the Contract Governance Mode of Family Enterprises Based on BP Neural Network[J]. Chinese Journal of Management Science, 2011, 1: 21.

[338] Tobin J. Estimation of relationships for limited dependent variables[J]. Econometrica: Journal of the Econometric Society, 1958, 26（1）: 24-36.

[339] Tone K., Tsutsui M.. Network DEA: A slack-based measure approach[J]. European Journal of Operational Research, 2009, 197（1）: 243-252.

[340] Treffers, T, Faaij, APC, Sparkman, J, Seebregts, A. Exploring the Possibilities for Setting up Sustainable Energy Systems for the Long Term: Two Visions for the Dutch Energy System in 2050[J]. Energy Policy, 2005,（33）: 1723-1743.

[341] Unit E S. Our Energy Future-Creating a Low Carbon Economy[J]. UK Department of Trade and Industry, White Paper, 2003..

[342] Wang K, Yu S, Zhang W. China's regional energy and environmental efficiency ： a DEA window analysis based dynamic evaluation[J]. Mathematical and Computer Modelling, 2013, 58（5）: 1117-1127.

[343] Webb R. Levels of efficiency in UK retail banks: a DEA window analysis[J]. Int. J. of the economics of business, 2003, 10( 3 ): 305-322.

[344] Wilson D D, Collier D A. An empirical investigation of the Malcolm Baldrige National Quality Award causal model[J]. Decision Sciences, 2000, 31（2）: 361-383.

[345] Wu J C T, Tsai H T, Shih M H, et al. Government performance evaluation using a balanced scorecard with a fuzzy linguistic scale[J]. The Service Industries Journal, 2010, 30（3）: 449-462.

[346] Yang K, Hsieh J Y. Managerial Effectiveness of Government Performance Measurement: Testing a Middle - Range Model[J]. Public Administration Review, 2007, 67（5）: 861-879.

[347] Yu F, Ye L, Zhong J. Study on Fuzzy Comprehensive Evaluation Model of Education E-government Performance in Colleges and Universities//Rough Sets and Knowledge Technology[M]. Springer International Publishing, 2014.

[348] Yue P. Data envelopment analysis and commercial bank performance: a primer with applications to Missouri banks[J]. Federal Reserve Bank of St. Louis Review, 1992, 74（1/2）: 31-45.

[349] Zhang X P, Cheng X M, Yuan J H, et al. Total-factor energy efficiency in developing countries[J]. Energy Policy, 2011, 39（2）: 644-650.

[350] Zhou P, Ang B W, Poh K L. Slacks-based efficiency measures for modeling environmental performance[J]. Ecological Economics, 2006, 60（1）: 111-118.

[351] Zhou P, Poh K L, Ang B W. A non-radial DEA approach to measuring environmental performance[J]. European Journal of Operational Research, 2007, 178（1）: 1-9.

[352] ZhouY, XingX, FangK, etal. Environmental efficiency analysis of power industry in China based on anentropy SBM model[J]. Energy Policy, 2013, 57: 68-75.